中国城市更新和既有建筑改造典型案例 2023

全联房地产商会城市更新分会
中国城镇化促进会城市更新工作委员会   组织编写

中国建筑工业出版社

图书在版编目（CIP）数据

中国城市更新和既有建筑改造典型案例 . 2023 / 全联房地产商会城市更新分会，中国城镇化促进会城市更新工作委员会组织编写 . — 北京：中国建筑工业出版社，2023.12

ISBN 978-7-112-29441-1

Ⅰ. ①中… Ⅱ. ①全… ②中… Ⅲ. ①城市规划—案例—中国②旧城改造—案例—中国 Ⅳ. ① TU984.2

中国国家版本馆 CIP 数据核字（2023）第 245019 号

责任编辑：宋　凯　毕凤鸣
责任校对：姜小莲
校对整理：李辰馨

中国城市更新和既有建筑改造典型案例 2023
全联房地产商会城市更新分会　　　　　　　组织编写
中国城镇化促进会城市更新工作委员会
＊
中国建筑工业出版社出版、发行（北京海淀三里河路 9 号）
各地新华书店、建筑书店经销
北京雅盈中佳图文设计公司制版
北京富诚彩色印刷有限公司印刷
＊
开本：880 毫米 ×1230 毫米　1/16　印张：13　字数：385 千字
2023 年 12 月第一版　2023 年 12 月第一次印刷
定价：198.00 元
ISBN 978-7-112-29441-1
（42186）

本书编委会

编制组顾问

宋春华　原建设部副部长

陈炎兵　中国城镇化促进会党委书记、理事长

秦　虹　全联地产商会城市更新分会副会长、专家委员会主任

　　　　中国人民大学国发院城市更新研究中心主任

张　杰　全国工程勘察设计大师

　　　　清华大学建筑学院教授

　　　　北京建筑大学建筑与城市规划学院特聘院长

李兵弟　住房和城乡建设部村镇建设司原司长

沈体雁　北京大学政府管理学院教授、城市治理研究院执行院长

田永英　住房和城乡建设部科技与产业化发展中心城市建设与更新处处长

范嗣斌　中国城市规划设计研究院城市更新研究分院院长

唐　燕　清华大学建筑学院副教授

李　宁　中国城市发展研究院副院长

主　　编　柴志坤　夏子清
副 主 编　郁敏珺　李杜渊　岳　路
执行副主编　夏华敏　张宝玉　刘　唱

编制组成员

叶　菲　胡广元　梁津民　李　妍　田锦励　刘子文　何　兵　陈　思

杨润洲　苏　萍　王　飞　王　婧　孙丛山　林　曈　全建彪　黄　艳

张嘉霖　吴梦雪　孟周兵　都珊珊　宋　鹏　李为君　唐悦兴　邵宁宁

杨　平　崔志林　卢　贺　韦金秀　菅　薇　黄比君

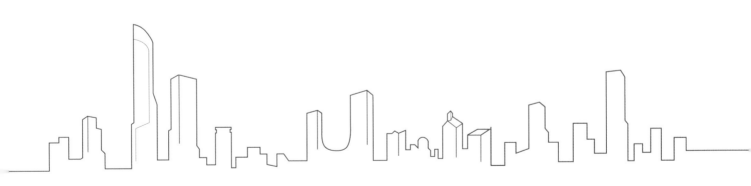

前　言

　　国家"十四五"规划纲要明确提出实施城市更新行动。党的二十大报告强调，"坚持人民城市人民建，人民城市为人民，提高城市规划、建设、治理水平，加快转变超大特大城市发展方式，实施城市更新行动，加强城市基础设施建设，打造宜居、韧性、智慧城市。"

　　实施城市更新行动中，需要处理好"新"与"旧"的关系，"拆"与"留"的关系，政府与市场的关系，社会责任与经济效益的关系等。

　　为发掘有创意、有创新，可借鉴、能复制的城市更新典型案例，指导、推进城市更新工作稳健发展，自2017年起，全联房地产商会城市更新分会、中国城镇化促进会城市更新工作委员会已连续7年，在全国范围内开展"城市更新和既有建筑改造典型案例征集活动"。这些典型案例为城市更新和既有建筑改造工作的纵深发展提供了样本和范例。这些典型案例为城市更新和既有建筑改造工作的纵深发展提供了样本和范例，描绘了一幅更加美好的城市未来画卷。

　　本书以历年征集到的城市更新典型案例为蓝本，从中优选出31个典范案例，类别涵盖工业园区更新、商办（区）更新、老旧小区改造、城市街区更新、历史保护、公共服务设施六大类型。归纳了不同类型城市更新项目的经验做法，从更新缘起、更新亮点、更新效果三个方面进行阐述，着重介绍了城市更新项目在实施过程中的设计、技术、模式及运营创新等，希望能够为新时期破解城市更新项目实施过程中的难题提供方向指引和经验借鉴，为更多城市和相关项目开展城市更新工作提供实例参考。

　　本书在编撰过程中，各案例申报单位在书稿整理、图片提供等方面给予了大力支持，在此表示衷心感谢。

　　鉴于编制组能力有限，本书编撰中可能存在遗漏或不足之处，诚请广大读者批评指正。

《中国城市更新和既有建筑改造典型案例2023》编制组

2023年11月

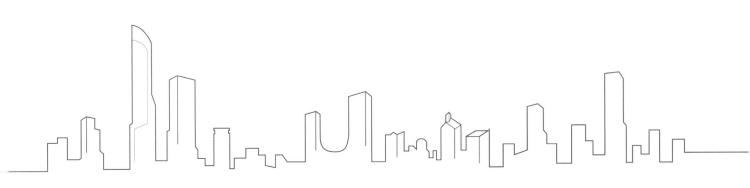

目录

工业园区更新

景德镇陶溪川运营咨询与规划设计实施 // 002

金隅智造工场 // 008

首创郎园 Station // 014

金隅琉璃文化创意产业园 // 020

商办（区）更新

西单更新场 // 028

杭州新天地中央活力区 // 034

BOM 嘻番里 // 040

蛇口网谷 // 046

重庆招商九龙意库文化创意产业园 // 052

北京越界锦荟园 // 058

The Oval 一奥天地 // 064

虹桥之源：大虹桥德必 WE // 070

老旧小区改造

五芳园、六合园南、七星园南老旧小区综合整治项目 // 078

洛阳市洛龙区地勘三号院老旧小区改造项目 // 084

礼贤未来社区 // 090

江岸区四个老旧社区智慧化改造建设项目 // 096

泮塘五约微改造项目 // 102

城市街区更新

猛追湾 // 110

广州市荔湾区恩宁路历史文化街区房屋修缮活化

利用项目 // 116

万科时代中心·望京 // 122

老莱场市井文化创意街区 // 128

光影中山路

——青岛中山路历史街区数字化改造工程 // 134

历史保护

百空间卜内门洋行 // 142

锦和越界·衡山路 8 号 // 148

模式口大街修缮改造与环境整治项目 // 154

天津金茂汇（天津第一热电厂）城市更新项目 // 160

南头古城 // 166

公共服务设施

西安幸福林带建设工程 PPP 项目 // 174

北京工人体育场改造复建项目（一期） // 180

嘉兴火车站及周边区域提升改造工程 // 186

首开寸草亚运村城市复合介护型养老设施项目 // 192

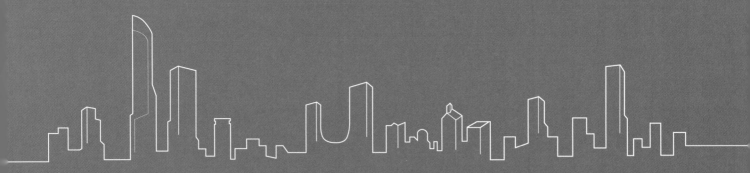

中国城市更新和既有建筑改造典型案例 2023

工业园区更新

景德镇陶溪川运营咨询与规划设计实施

金隅智造工场

首创郎园 Station

金隅琉璃文化创意产业园

景德镇陶溪川运营咨询与规划设计实施

供稿单位：北京华清安地建筑设计有限公司

组织与运营实施单位：景德镇陶文旅控股集团有限公司

业主负责人：刘子力

总规划师：张杰、刘岩

咨询与规划设计团队：（申报单位）胡建新、魏炜嘉、张冰冰、李婷、叶江山、刘小凤、张爵扬、郝阳、于明玉、
李大伟等

项目区位：江西省景德镇市珠山区

投资单位：景德镇陶文旅控股集团有限公司

咨询与规划设计单位：北京华清安地建筑设计有限公司、北京水木青文化传播有限公司、北京清华同衡规划设计
研究院有限公司等若干团队

施工单位：上海绿地建设（集团）有限公司、中国建筑一局（集团）有限公司等若干团队

设计时间：2012–2021 年

竣工时间：2016–2022 年

更新前土地性质：工业用地

更新后土地性质：商业用地

更新前土地产权单位：景德镇宇宙瓷厂、景德镇陶瓷机械厂

更新后土地产权单位：景德镇陶文旅控股集团有限公司

更新前用途：瓷器及陶瓷机械生产

更新后用途：商业、文化展示、酒店公寓等

更新前容积率：1.0

更新后容积率：1.0

更新规模：总规划面积约 1 平方公里，一期 8.9 万平方米，现已建成二期

总投资额：一期投资额约 4.9 亿元

● 更新缘起

景德镇作为千年瓷都,自古以来享有世界声誉。中华人民共和国成立后,经过公私合营,景德镇集中建设了以十大瓷厂为代表的若干国有工厂,成为城市新的产业核心;直至20世纪90年代国有企业改制以后,才逐渐关停并转。面对城市复兴和产业转型的双重诉求,景德镇地方政府与清华大学团队充分合作,确立了景德镇以文化遗产为基础、以文化资源利用为手段、以服务城市为目标,分区实施的总体原则,在陶溪川等具体项目中进行了深入的运营咨询、规划设计、建筑设计和运营服务等合作。

项目目标:

近现代陶瓷工业遗产是景德镇陶瓷文化大遗址保护的重要组成部分,同时也是城市产业升级和复兴的引擎。景德镇的城市更新工作,目标在于以旧工业区的改造作为带动点,通过具体的实践项目,实现政府、业主、内容生产者、运营商、建筑师、艺术家与社会各界的联动,将景德镇特色空间规划中描绘的景德镇城市更新拼图一块一块地完成,真正带动城市高质量跨越式发展。

● 更新亮点

1. 设计创新

(1)规划的亮点

①创造性地采取了"规划引领"而非"规划专业引领"的方式,以社群聚集带动产业复兴为目标,培育城市的创新创业社区,通过空间与产业的匹配设计,形成城市新旧动能转化的抓手。

面对城市更新实施这一实实在在的问题,陶溪川的规划改变思路,由运营机构、投资机构、设计机构和规划机构共同完成。在实际规划设计过程中,运营咨询行业起到引领和统率的作用;建筑和景观等设计专业起到具体落实运营咨询的作用;城市规划专业起到守底线和影响整个城市发展的作用。正是这样的规划编制方式,才使得陶溪川真正实现了行之有效的"规划引领"。

规划根据景德镇的现状,将产业振兴作为首要目标,梳理了整个城市陶瓷产业发展的脉络,明确了各类空间与细分产业类型的匹配度。确定了一期(宇宙瓷厂)的主题是以陶瓷为主的复合型业态,为青年创客提供造梦空间和创业扶持;二期(陶机厂)是以玻璃加衍生艺术为主题,建筑群落共同构成极具特色的集画廊、当代美术馆、艺术家驻地空间、酒店、餐饮、艺术教育为一体的艺术生态圈。在这样的功能定位之下,通过一段时间的实施,陶溪川聚集了大量的青年生产者、创业者和艺术爱好者,把曾经衰败的工厂变成了城市创新创业的活力核心(图1、图2)。

②与城市空间充分融合,践行"以整体研究局部、以局部引领整体"的技术路线,并最终实现了对景德镇城市更新与环境提升的整体带动。

规划从景德镇整体城市格局入手,通过近一年的细致评估,提出了"凤凰山-南河片区(陶溪川所在示范区)有条件成为城市东部副中心"的建议(该设想2015年被纳入城市总体规划),并选择陶溪川示范区作为实施的突破口,通过高质量的规划、建设和运营,使示范区取得了显著的效果,带动了城市副中心的形成。

③重视遗产的保护,尤其是完整工艺流程的保护与展示。

在陶溪川的具体实践设计中,通过认真研究厂区的生产内容和流程,对不同年代、不同时期的工业功能布局进行完整的保留与展示,并作为整个规划空间布局的核心动线;在后续的建筑设计和工程设计中,对不同时期的窑炉、煤斗等关键遗存进行有针对性的修复与展示。在保留各个时期历史信息的基础上,使遗产要素与园区功能充分融合,既保护了工业遗产,又实现了遗产的活化。

④传统场景、创新功能:从旧工厂到新城市社区。

规划设计把场景和内容作为陶溪川综合发展的两个重要方面同步推进;通过工业遗产和传统城市肌理的保护,把历史场景展现出来,让陶溪川成为城市记忆的重要载体;与运营相结合,创造性地培育与年轻人需求相关的各类产业和服务功能,对陶溪川传统的陶瓷生产功能进行一定程度的恢复与提升,使陶溪川成为"为生活造"的创新乐园。在场景和内容的共同推动下,陶溪川为城市增加了若干活力界面和节点,使得旧工厂变成新的城市活力社区。

(2)建筑改造的亮点

①空间产品与目标需求的统一

陶溪川的重要建筑功能目标是吸引活力创意社群,

图 1　陶溪川二期中心广场夜景

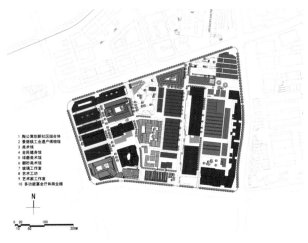

图 2　陶溪川一期、二期总平面图

为年轻的艺术和手工业从业者提供更好的服务，而空间产品是这些服务设施中最核心的内容。因此，在外部空间设计中延续了城市设计的定位，结合潜在就业的人群画像，以创业生产人群为出发点，从生产、生活、交往、交流和交易五个方面挖掘园区人群潜在的使用需求。结合不同的建筑功能设计了信息发布广场、产品展示场所、露天交流小庭院及骑楼巷道等，并根据前期的规模测算结合场地遗存的空间格局，形成整体有序、主次分明的空间脉络。

②界面：整体有序、连续活跃

作为景德镇城市的一个板块和组成部分，设计首先要注重的是区域与城市的关系问题。整体有序、重点变化是陶溪川解决这一问题的重要方案，而在街区内部，连续和活跃则是营造园区界面氛围的主要做法。脱胎于工业厂房的陶溪川界面相对整齐，但为了激发城市活跃度，建筑设计对建筑首层进行适度干预，在首层多设独立店铺，为建筑沿街空间的活动提供多种可能。东西两侧界面有意识地将与城市衔接的界面空间处理为可互动的连廊，在遮风避雨的同时也实现了城市空间的开放，同时视线的联通增加空间的进深，让空间通透并具有趣味感。

③尺度宜人，也能留人

作为创意人群工作和生活的场所，陶溪川的外部空间非常重视尺度的控制。因为工业建筑的体量较大，对外部空间会造成一定的压迫，要使外部空间能够成为年轻人愿意坐下来的场所，那么提供的空间产品既要体验丰富，又要适度开敞，因此建筑、乔木与道路

形成视觉的高宽比显得尤为重要。

（3）设计理念

①保护遗产，恢复集体记忆，创造性活化利用

通过深入挖掘景德镇及陶溪川瓷厂的价值特色，恢复景德镇陶瓷生产集体记忆；积极活化文化遗产，把文化遗产与景德镇的优势创意资源结合，进行创造性利用。在整个园区功能布局上，围绕创新、创意经济，完善办公、商业、旅馆等服务设施。

②遵循"最小干预"原则，谨慎修复、适度创新

把遗产保护的基本观点和方法用到建筑设计中，在结构检测、细致测绘的基础上，采取最小干预原则，把老厂房中的外墙材料、内部构架进行最大限度的再利用。在外墙砌法、框架结构维护的过程中，在博物馆、美术馆项目的实施中，在满足建设规范要求的前提下，聘请参与当年厂房建设的老工人，采用原工艺进行修复和建设。

（4）对现有建筑的更好利用

①结构的替换与保护

首先是对结构形式的保护和延寿。设计充分尊重建筑的原始结构，经过结构检测及鉴定，对于满足承载力要求的结构进行保留和加固，如宇宙瓷厂美术馆的钢筋混凝土屋架结构、陶机厂翻砂美术馆的木结构屋架；对于不满足承载力要求但结构形式有价值有特色的建筑结构，用与原结构构件相似的新构件进行替换，如陶瓷工业遗产博物馆的屋面结构，采用与原木结构神似且可逆的钢结构进行替换，以今时的新材料新工艺实现了对往日的老技艺老情怀的延续（图3）。

图3　陶瓷工业遗产博物馆屋面结构更新前后对比

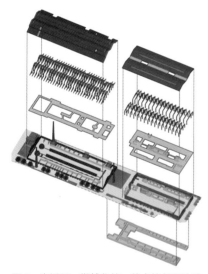

图4　陶溪川一期博物馆、美术馆保留改造分析

其次，由于工业厂房的内部空间非常高大，因此通过在建筑内部增加夹层，使原本平面上的流动性延展到立体的空间流动性上，同时也大大增加了建筑的利用效率。在不干扰原结构安全的情况下开挖了地下室，进一步扩大了建筑空间的实用性，使得更新后的建筑空间更适合新植入的功能和流线要求。建筑室内新加建的部分选用可逆性强且低碳可回收的钢结构，最大限度地减少对现存建（构）筑物的扰动，有利于历史信息的充分保护（图4）。

②外立面的保护与更新

宇宙瓷厂的工业遗产博物馆东西两侧长达100余米的立面，由原先工厂车间的封闭立面更新为面积较小的独立店铺的立面。旧墙体拆除下来的红砖，经过甄别与筛选，用于新的墙体砌筑，并且沿用了老墙面上的镂空砖花，聘请当年参与建造工厂的老工人按照原工艺来砌筑（图5）。陶机厂的球磨美术馆保留了原有的立面，沿着长立面设置的是艺术家LOFT，作为艺术家扶持计划的重要举措，成了售卖、展陈、设计、制作、生活于一体的复合空间；同样，在保护建筑原有风格的基础上，增加了活力界面，带动了园区的人气（图6）。

宇宙瓷厂的美术馆更新前的外墙为白色瓷砖，评估后认为与整个厂区的建筑风格不符，因此用建筑拆除下来的红砖进行重新砌筑。经过多次试验和反复比较，最终确定了砖墙的砌筑样式。焕新后的美术馆与周围的建筑环境更协调，形成了最能代表景德镇现代制瓷业与当代城市面貌的建筑风格（图7）。陶机厂的翻砂美术馆由于南侧贴建的辅助办公用房坍塌，拆除清理后替换为零售与展示的玻璃廊道，加强了对人群的吸引力。廊子以

图6　球磨美术馆内部更新前后对比

图5　陶瓷工业遗产博物馆外立面更新前后对比

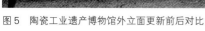

图7 陶溪川一期美术馆外立面更新前后对比

图8 翻砂美术馆外立面更新前后对比

简洁的木格栅为边界，模糊了室内外的界限，使馆内与馆外拥有更强的渗透性和互动性（图8）。

③设备的保护与再利用

宇宙瓷厂的两座烧炼车间内分别保留着3个时代的生产工艺特征：传统的圆窑（俗称"馒头窑"）、早期的煤烧隧道窑和技术革新后的气烧隧道窑。景德镇近现代陶瓷生产的3种工艺在两座厂房中高度集中，方案中把3个窑炉保留修缮后向游客展示（图9）。博物馆北端保留有苏联援建时期4层的筛料漏斗，设计中将其完全保留，在远离参观面的位置贴建了轻巧的通行电梯和楼梯，把整个建筑群的最高点利用了起来。后续设计中，把漏斗与休闲空间结合，仿佛巨大的音箱，成为整个空间的焦点。陶机厂的球磨美术馆同样保留了过去机械生产时的吊车梁及设备，带着历史厚重感的大型工业设施与更新后的美术馆形成强烈对比，在同一个物理空间产生了跨越时空的对话。在建筑周边构筑物及景观设计中，原址保留了标志性的烟囱，将过去工业生产的记忆和大尺度的工业美学充分展示给公众。同时，保留下来的还有原厂区内的高大树木和作为运送原料的小货车轨道，保留下来的窑车也改造为特色的景观花坛。

2. 技术创新

面对老旧工业建筑现状参差不齐、原有建设标准不一、更新功能不同等难题，团队系统性提出非标老旧工业建筑的结构鉴定方法和加固技术集成，从建筑层面为规划设计奠定必要的技术基础，如应用于陶机厂的钢包低强度混凝土与钢拉杆组合屋架结构。面对各类老旧工业建筑在"工业转民用"过程中面临结构、通风、采光、材料、环境等复杂问题，以最小干预原则，研发大跨度、高空间老旧工业建筑生态化改造关键技术，解决工业遗产建筑原真性保护、可逆性改造的难题，大幅提升"工业转民用"的功能适宜性和节能效果，如围护结构、热工性能、自然通风、采光性能改造等。

3. 运营模式创新

陶溪川的城市更新创造性地采取了跨行业、跨领域的DIBO一体的城市更新方式。这一方式在前期咨询阶段，通过运营、投资、规划、设计各领域和专业协作体现了"运营专业牵头、设计专业跟进、规划专业协同"，共同编制完成了陶溪川保护更新的综合规划，作为引领后续十多年工作的基本蓝图。在实施过程中，DIBO一体化的工作方式将公共利益和市场利益进行了结合，将商业需求与文化需求进行了结合，将"投入－产出"的模型变成了"投入－有效性"的模型。

在融资和资金平衡模式中，陶溪川早期采取了轻

图 9　陶瓷工业遗产博物馆内保留的圆窑修缮前后对比

重资产剥离的算账方式：重资产和轻资产单独测算平衡指标，以市场的金融退出导向来分别判断"金融资产"和"现金流"的平衡。陶溪川是国内最早应用这一模式的项目之一，有赖于业主、运营咨询团队的坚持，使得陶溪川在重资产的资产管理、轻资产的运营两端都取得了良好的效果。在运营工作开展后，陶公寓、陶公塾等若干项目被分解出来，成为独立的运营板块，资金平衡实现了多样化。

陶溪川的规划设计模式、资产管理模式和运营模式，是 DIBO 实践的重要成果。后续南京、苏州、佛山等江浙沪和大湾区城市在城市更新的核心项目中陆续借鉴和采取了 DIBO 的方式，我国资管领域的若干央企和国企多次到陶溪川学习借鉴这一模式。

● 更新效果

1. 经济效益

更新后的陶溪川实现了显著的经济效益，拉动人气创造税收，2022 年接待游客超过 390 万人次，高水平的建设和运营，成功带动了整个景德镇城市的高质量发展。在资产方面，陶溪川一期建成后两年内资产总值翻两番，成为遗产地活化降低城市资产负债、国有资产保值增值的重要样板；在现金流方面，陶溪川经过几年的努力，现金流逐渐回正并实现了较好的盈利。

2. 社会效益

陶溪川大量工业遗存的保留、再利用，以及高度融入城市发展，成为鲜活的科普基地，使文化遗产保护、低碳可持续等科技概念走向日常生活。同时，景德镇陶溪川文创街区汇聚景漂创客 2 万余人，文化企业 142 家，成功孵化创业实体 2600 余家，带动上下游就业 6 万余人。陶溪川不仅为艺术家和创客提供了一个完备的平台，更为游客提供了独特的体验，同时为周边居民增加了参与度和归属感。此外，景德镇陶溪川被列入第一批《国家工业遗产名单》，成为"景德镇国家陶瓷文化传承创新试验区"核心组成部分，获文化和旅游部首批国家级文化产业示范园创建资格、住房和城乡建设部"城市双修"产业升级与园区整合规划示范样板，并得到中央政府高度肯定，国内外媒体持续跟踪报道 30 余篇，坚定了文化自信。

金隅智造工场

供稿单位：北京金隅文化科技发展有限公司

项目区位：北京市海淀区建材城中路 27 号

总设计师： 柯卫

项目团队： 叶菲、张宏钢、崔龙江、肖博、邹艳、张琳

投资单位：北京金隅集团股份有限公司

设计单位：北京科雅斯慕思建筑设计有限公司、阿拓拉斯（北京）规划设计有限公司、上海汇意建设发展有限公司

组织实施单位：北京金隅集团股份有限公司

施工单位：北京市建筑装饰设计工程有限公司

设计时间：2016 年

竣工时间：2019 年 9 月

更新前土地性质：工交用地

更新后土地性质：工交用地

更新前土地产权单位： 北京金隅集团股份有限公司、北京西三旗高新建材城经营开发有限公司

更新后土地产权单位： 北京金隅集团股份有限公司、北京西三旗高新建材城经营开发有限公司

更新前用途： 家具生产基地

更新后用途： 科技型产业园

更新前容积率： 0.67

更新后容积率： 0.67

更新规模： 12 万平方米

总投资额： 人民币 6 亿元

● 更新缘起

为深入落实非首都功能疏解任务，主动服务"四个中心"建设，金隅集团与北京市海淀区政府签订《战略合作协议书》，共同打造国际智能制造创新中心，"中关村科学城·金隅智造工场"项目应运而生。金隅智造工场以原金隅天坛家具公司生产基地为载体，依托海淀科技创新腹地的雄厚科研实力及人才优势，形成以"大信息与智能制造"等高端产业为核心的智慧、绿色、人文的复合型产业创新中枢，将存量老旧工业厂房赋予全新的"智造"灵魂。

项目目标：

西三旗区域地处海淀、朝阳和昌平三区交界处，曾是北京北郊的老建材工业基地，聚集了混凝土制品厂、建筑涂料厂、新都砖瓦厂等一批传统建材企业，以及天坛家具等一批传统工业企业。在全市"疏整促"专项行动和海淀区"两新两高"战略部署下，金隅集团主动疏解位于西三旗区域的各类传统建材企业近十家，有效疏解非首都功能。围绕中关村智能制造创新基地的全新定位，采用"腾笼换鸟"（即旧厂改造）和"凤凰涅槃"（即拆旧重建）两种主要模式，加快传统产业空间腾退，推动传统企业转型升级，完善城市功能布局，拓展高精尖产业发展空间。金隅智造工场作为金隅集团在西三旗地区落地的第一个存量工业厂房升级改造项目，瞄准创新型科技园区的目标定位，以高品质空间改造构筑新型园区形态，以高精尖项目导入重塑新型产业形态，创造了城市更新与产业升级有机衔接的"金隅模式"，为西三旗老工业基地复兴提供借鉴和示范。

● 更新亮点

1. 设计创新

金隅智造工场在改造过程中注重文化的传承，尊重原建筑规划的空间组织形态，灵活运用多种建筑设计元素，布局极具工业风的公共开放空间。通过铺设高架连廊和慢跑道重新梳理园区内部人流动线，增强了楼宇之间的活力和协同互动，塑造具有硬科技风格、简约大气的科创办公空间特色；利用硬质铺装、草坪、绿植和水景打造公共步行环境，呼应简洁的建筑风格（图1）。

图1　金隅智造工场主图

作为老旧工业厂区改造项目，金隅智造工场充分尊重场地工业遗存，利用工业厂房建筑结构优势，打造结构丰富、空间可变、配套共融的新空间形态。改造初期，围绕"大信息与智能制造"产业定位，在不增加总体面积的前提下，最大限度地保留园区内 85% 以上的 6～27m 的高举架、高荷载产业空间（图 2）。园区重点聚焦"硬科技"领域，发挥无地下空间的独特优势，为小试中试、检验检测以及小规模转产等关键创新环节提供特殊场地，使其免受外部震动干扰，确保实验结果和数据的精准度。园区已承接大量的超高实验仪器、方舱实验室、重量级检测设备。

同时，园区充分满足入驻企业对创意办公的个性化需求，提升了内部配套功能之间的到达效率，丰富了园区的视野与风貌特色，为高科技白领人群提供一个兼顾功能性、科技性、艺术性、便利性的公共空间。园区建设 5 万平方米绿化、3.5km 健康慢跑道及联通各楼座的钢制连廊，营造绿色舒适、健康和谐、商务便捷的园区研发办公环境。

2. 技术创新

园区充分考虑绿色低碳的改造理念，将"海绵城市""雨水花园""下凹绿地""光伏发电"等节能方式有机融入园区的建设中。同时，园区联合入园企业旷视科技公司，以人工智能为核心，结合物联网监控、数字孪生、APP 等科技功能，建设完成金隅智造工场智慧园区 AIoT 综合管理平台。搭建了集成管理、能源管理、运维管理、三维可视化、移动 APP 等智慧物联网应用场景，提升了园区智慧化管理水平。

智慧园区系统通过运用数字技术，重塑运营运维的各个环节，打破传统园区"人拉肩扛"的运营方式，通过对园区的对象数字化、业务数字化和服务数字化，实现园区管理服务从定性走向定量，实现基于数据、事实和理性分析的数字化运营管理。平台汇聚融合建筑、设备、人行、车行、服务、消费大数据，打造"集中监控、自动运行、节能降耗、提质增效"的智慧园区运营管理新模式，服务企业的效率和质量得到了大幅度提高。

（a）改造前

（b）改造后

（c）改造前

图 2　金隅智造工场改造前、改造后

（d）改造后

（e）改造前

（f）改造后

图2 金隅智造工场改造前、改造后（续）

3. 模式创新

作为区企合作的产业园区项目，金隅智造工场与中关村科学城建立产业联审机制。海淀区政府全过程参与金隅智造工场空间招商，负责符合条件的优质科技企业推荐，提供政务服务和产业指导，给予政策支持。金隅智造工场负责科技企业挖掘和对接，开展企业风险评估，提供企业入驻全过程服务支持。在园区运营过程中，双方严格控制入园企业门槛标准，加强动态沟通对接，最大化提高空间利用效率，夯实园区产业聚焦。同时，联合海淀政府，建立"海淀·金隅科创基金"，充分利用基金资本的催化和杠杆作用，以基金撬动资本，以资本带动产业，更好地吸引高成长企业入驻园区，推动园区的科技创新、产业升级和人才聚集。定位大信息、智能制造、高端医疗器械等领域，挖掘具备国内领先、国际一流技术的"前沿硬科技"企业，构建金隅智造工场"物理空间租赁＋产业投资（孵化）＋创新产业服务"新型运营模式，以精准的市场化股权投资体系助力园区产业做大做强，打造产业运营生态闭环。

4. 运营创新

积极对接首都科技条件平台、北京创业孵育协会等外部服务平台，金融、法律、技术转移等领域的优质服务机构、行业联盟、专业组织，面向园区高新技术企业、专精特新企业、小微企业提供定制化的创新创业服务，释放内外部协同叠加赋能效应。设立一站式服务中心、党群服务中心，开通政务服务"一窗通"系统，有机整合政务服务职能，优化办事流程，高效实现"园区事、园区办"。与海淀区知识产权局共建"知识产权托管平台"，配备专/兼职知识产权工作站联络员，提供知识产权代理、抵押、申报等全流程服务。获得"院士专家服务基地"授牌，建设"旗智·人才会客厅"、社区青年汇、职工之家，举办"新阶层人士"高端人才沙龙。开展"线上＋线下"工商财税法培训，提供IPO法律咨询、核心技术保密、竞业法律培训等定制化服务。拓展科技金融服务，为科创企业"量身定制"信用贷款，降低企业经营压力。成立海淀区首个园区科协，协助成立企业科协，辅导公租房、职称评定、资质认定等政策申报。

园区形成了专业化的规划支撑体系，邀请国际化专业机构和团队参与，聚焦建筑设计、园林景观、智慧园区、商业配套、运营管理等重点领域，编制了《园区建筑概念方案设计》《园区园林景观方案设计》《园区商业配套定位方案》《智慧园区方案设计导则》等，从顶层规划到概念设计、工程实施、运营管理、投融资服务，涉及链条长，覆盖内容多，成为指导园区建设运营的纲领性文件（图3～图6）。同时，由金隅投资物业管理集团、金隅智造工场牵头组织，联合旷视科技、百分点、云知声等园区企业编写并发布的《智慧园区总体框架和建设管理规范》团体标准，2022年经评审升级为首个中关村智慧园区标准，是先行先试改革创新的重要探索。

图3　设计规划图1

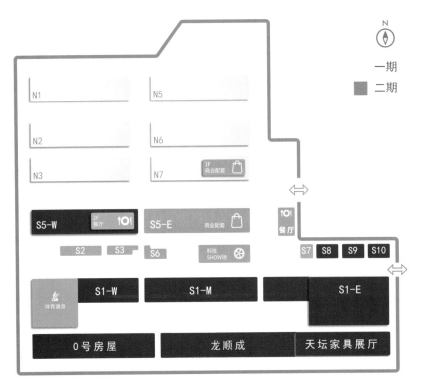

图4　设计规划图2

● 更新效果

1. 社会效益

金隅智造工场开园运营至今，荣获了包括商业地产类、专业运营类、景观设计类、政府资质/授牌类等80余项荣誉及资质，包括获"北京市工人先锋号"称号、"院士专家创新工作站""政务服务工作站""知识产权工作站""智能制造产业生态圈"授牌，先后获评中关村示范区区域转型升级示范项目、中关村示范区特色园区项目、首批北京城市更新"最佳实践"项目、中关村示范区首批高品质园区支持项目。

2. 经济效益

截至2023年12月底，金隅智造工场已接近满租，实现了包括旷视科技、百分点、云知声、银河航天等在内的250多家科技企业、6000多位科技人才的聚集，并拥有1个国家级重点实验室、1家创业板上市企业、3家科创板块申请上市企业、6家智能制造行业独角兽、9个北京市重点项目，园区知识产权产出超过1.5万件（其中发明专利占比将近90%）。2022年园区生产总值近100亿元，相比较原传统家具制造业，单位产值提升了10倍以上，全面实现传统制造产业转型升级、产业空间腾笼换鸟，为北京市老旧工业厂房装修改造、城市产业更新提供了鲜活的案例，为区域整体转型升级提供了新的经济增长点。

未来，金隅智造工场将始终坚持规划引领理念，打破原有基于传统产业的发展逻辑，全新塑造彰显工业风、科技感的新型园区形态，开启转型升级的"蝶变之路"。

图 5　智造工场　廊桥及街景

图 6　智造工场　园区夜景

首创郎园 Station

供稿单位：北京首创郎园文化发展有限公司、北京郎园新时代文化有限公司

项目区位：北京市朝阳区东坝半截塔路53号

总设计师：赵春燕、李津

项目团队：罗烨、黄绍翔、王彦、邵宁宁、郭晨晨、王希、邓梅

投资单位：北京首创郎园文化发展有限公司、北京郎园新时代文化有限公司

设计单位：北京维拓时代建筑设计有限公司

组织实施单位：北京首创郎园文化发展有限公司、北京郎园新时代文化有限公司

施工单位：北京市朝阳田华建筑集团公司

设计时间：2019年

竣工时间：2024年

更新前土地性质：工业用地

更新后土地性质：工业用地

更新前土地产权：北京汉唐丝路科技发展有限公司

更新前用途：仓储

更新后用途：商业＋办公

更新规模：10万平方米

总投资额：人民币14亿元

● 更新缘起

首创郎园 Station，前身为北京纺织仓库，始建于 20 世纪 70 年代，项目占地 13.58 万平方米，拥有大型库房 30 栋，并拥有 2.23km 产权的铁路运输线及 8000m² 的专属铁路站台，是具有 40 余年历史的大型综合性仓储物流库（图 1）。

2018 年，结合北京市产业布局调整，在北京市"疏整促"的城市发展战略指导下，北京纺织仓库正式与首创郎园合作，开始转型升级。改造后的北京纺织仓库命名为首创郎园 Station 国际文化社区，但整个园区深藏在将府公园的密林之中，它不仅在公共交通网络中是个空白，在道路规划上，也仅有一条弯弯细细的小路可以容车辆通行。

项目的绝对位置并不算偏僻，这里位于第三使馆区和第四使馆区之间，距离 798 艺术街区只有两公里，西边就是将台和酒仙桥——一片活跃的城市更新地区，较容易形成国际化客群和精致消费人群的聚集。但是以需求为导向的公共交通系统尚未建立，极大限制了对文化产业和消费品牌的吸引力。

首创郎园综合考量政策规划导向、产业升级趋势与消费升级需求三要素，致力于打造一处创新文化+产业+消费的生态，实现区域激活，人群、产业、消费的同步升级，充分利用工业底蕴十足的库区现有存量空间，结合朝阳区"五轴三带"发展格局、东坝第四使馆区的发展规划和项目位于"望京+燕莎"双重辐射的区位优势，打造融合国际文化交往、公共文化服务、

图 1　鸟瞰图改造前

图 2　北京纺织仓库旧貌

图 3　Station Grill 改造后

国际化办公、文化生活、创新、教育的无边界共享生态文化空间，成为衔接北京工业时代历史与现代都市生活文明的重要城市记忆，为老旧仓库等工业建筑的改造提供一个不同的思路和样本（图2、图3）。

● 更新亮点

1. 设计创新

（1）新旧共生，工业风和国际化碰撞

首创郎园 Station 在建筑的更新改造过程中，尊重历史建筑的原真性，"新旧共生"的改造原则最大限度保留库区空间气质，原有站台、库房的红砖墙、山形屋脊、水泥饰面、瞭望塔、岗楼、避雷针、加油站等工业符号和文化记忆设施都原汁原味的保留下来。在后续不断引入机构的更新过程中，新增加的现代简洁的建筑体量与库区保留下来的红砖墙之间形成强烈的新旧对比，这种对话诠释了建筑的使用功能与场所属性的改变，融合了历史的记忆与功能的创新，新与旧共同诉说岁月的变迁（图4、图5）。

（2）"无边界"设计理念，打造开放式园区

首创郎园 Station 秉承开放式运营思路，打开园区边界，"跳出园区看园区、主动融入区域发展"，与将府公园无缝衔接，同时深度参与朝阳区水务局的坝河改造设计方案相关工作，将园区与颐堤港、第四使馆区通过坝河改造联通，将坝河、亮马河、将府公园等周边秀美的自然条件渗透进园区，融入生活、休闲、消费、互动等功能需求，既能服务公园游客、两乡居民，还能为第四使馆区提供文化配套与服务（图6、图7）。

（3）"渐进式"投入，重塑空间脉络

用长线运营思维，逐步投入，减少城市更新重复改造、资金浪费"普遍问题"发生。通过重塑空间脉络，结合首创郎园的文化运营模式，植入新的文化基因属性，打造创新产业的"鱼塘生态"。以"两横两纵"为业态规划轴线，横向打造中央车站文化广场轴线和北侧坝河水岸国际文化休闲轴线；纵向打造中轴创意展示商街与公园森林休闲步行街。原本依铁轨而建的30多个纺织仓库，被划分为不同主题的街区。中轴创意展示

图4　魔尔公寓改造前

图5　魔尔公寓改造后

图6　良阅城市书房前身

图7　良阅城市书房

商业街，沿街的库房被改造为设计、展示、消费一体化空间；西侧街区衔接将府公园，打造为公园森林创意步行街；北侧沿坝河建滨河休闲娱乐区；南侧形成设计师聚落；中间则是中央站台国际潮流文化商业综合体（图8、图9）。

2. 技术创新

园区在改造过程中，进行了充分的规划设计和技术创新：

（1）中央站台邀请欧洲知名设计所进行改造设计，在施工材料选用上，为保证整体效果，采用ETFE膜、聚碳酸酯等新材料应用，为改造空间提供了充足的光照条件（图10）。

（2）消防管理方面，整体接入了消防智能化系统，实时监控园区内的消火栓、喷淋、火灾报警、电气设备、防火门等各系统的运行状态，协助园区管理人员第一时间对安全事件进行处置，提升园区的智慧管理程度。

（3）智慧运营方面，根据园区的商业化属性，开发上线了郎园Station小程序系统，该系统与停车管理系统衔接，为客户提供便捷的消费积分手段及享受停车权益。

（4）节能减排方面，利用园区建筑的屋面，部分屋面整体布置了高效能分布式光伏发电系统，充分利用绿色能源发电，缓解园区的电力紧张，同时进行余电上网。园区停车楼设置了车辆智能充电系统，根据车辆的充电情况，智能分配电量，利用互联网平台给予客户使用充电设施的便利。

3. 模式创新

（1）通过多级联动，将项目融入区域的协同发展

城市更新项目的规划逻辑与新

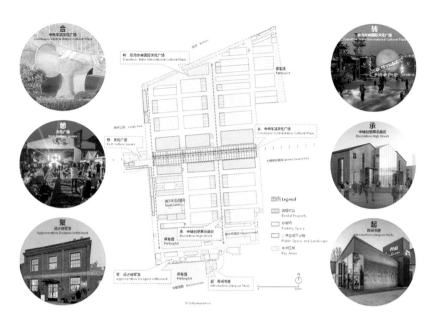

图8　规划图

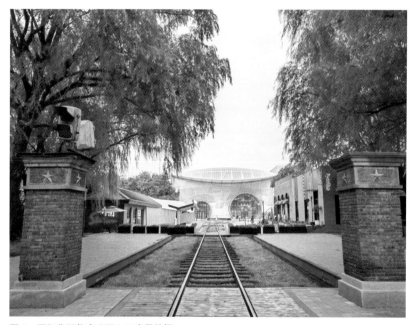

图9　西门临近将府公园入口实景拍摄

建设项目完全不同。在郎园看来，城市更新是运营逻辑驱动的，城市更新规划要解决好"从上至下"的刚性与"从下至上"的弹性的融合问题。郎园Station紧扣北京打造国际消费中心、朝阳区的三化建设（国际化、文化、大尺度绿化）与市、区、街乡多级部门密切沟通协

作，与区域发展协同或补充区域发展短板，把园区放到城市视野内去做定位。

（2）"边改造、边运营，先测试、后定位"的"逆向规划"模式

园区的更新既是建筑的更新、环境的更新，也是运营理念的更新、文化的更新。首创郎园Station

同步迭代运营理念，"在奔跑中调整姿态"，就像是一个有机生命体一样在持续进行着新陈代谢，保持良性发展，为城市提供了一处有情感有温度的文化地标，让城市更加美好。郎园 Station 逐渐迭代运营理念，将文化运营前置，发挥郎园品牌的文化运营优势，在进行中新陈代谢，保持良性发展。这套操盘模式，不仅降低了园区定位的试错成本，还聚了气、造了势，织补了城市功能，增强了与园区周边环境的匹配度、融合度，形成了相融相促的关系。通过这种有机更新的方式，给园区产业发展注入了源源不断的生命力。

（3）投资模式：1+1+N

首创郎园 Station 建立了一套 1+1+N 的"多元共建、风险共担"的投资机制，通过国企引领把握政策、整合资源，运营方和产权方自筹资金领投基础设施和公共空间，社会资本跟投入驻场地，建立起"多元共

建、风险共担"的投资机制，较好地解决了"资金短缺不能改"的问题。

● 1 品牌方——首创郎园输出品牌、理念与运营管理模式，负责从改造之前到后期运营管理的全流程把控，与产权方共同领投基础设施和公共空间。

● 1 产权方——负责整体设计和基础设施改造投资。

● N 个社会资本——以入驻空间的装修改造投入，共建园区风貌。

携手产权方在"强基础、定基调、初装修"的投入之后，由入驻商户自行精装内部空间，既节省了运营方的前期投入，又保障了业态的个性化和多样化。

4. 运营创新

坚持"文化产业 + 文化消费 + 文化内容"融合运营

图 10   中央车站实景拍摄

对于北京纺织仓库来说，库区本身就像是一个有机生命体，库区里的每一栋建筑都是这个生命体的组成部分，随着社会经济的发展与城市产业布局的转变，库区建筑正经历着持续的更新和改造，更新的过程不只是单纯的建筑改造，还要与运营密切联动。

产业是产业园区的基石，郎园 Station 以长效构建文化产业生态链为目标，定位选择产业链条长、内涵丰富可延展性强的产业，率先引进龙头企业，后续引进和孵化潜力企业，构建产业生态链，同时形成"文化＋"格局。如今，郎园 Station 和隔壁的七棵树文创园所在的片区，已经成为占全国 60% 市场份额的影视剧后期制作基地，被业内称为"北京小横店"。郎园 Station 有国内唯一一个电视剧制作高新实验室，将代表行业做出实用性的技术创新和推进行业可持续性发展。

郎园 Station 在做产业同时，也一直在思考文化是否可以激活非传统商圈。基于对新消费的洞察，布局文化消费场景，通过场景打造和流量扶持来做文化商业。以文化内容带动消费，已举办各类文化活动 500场左右，锚定项目文化属性。举办大型文化活动，如舌尖上的"一带一路"国际美食嘉年华和森林城市艺术生活节、北京图书市集、戛纳 XR 沉浸影像展、"一万种咖啡"潮流市集等，并引进读书沙龙、深蓝影院、大师课、讲解音乐会、图书市集、戏剧、播客等内容，以不间断的文化盛宴，为园区品牌带来多维度的兴趣流量，扩展消费客群，活动期间店铺往往爆单，并带来持续的长尾销售。持续运营大量文化内容的同时，在招商选商时，郎园对商户的场景打造和呈现能力有特别严格的把关。由园区和商户共同来打造文化消费场景，郎园成为一个线下有体验场景，线上有审美、有精神、有趣味的商业内容平台。已构建的露营户外、格调餐饮、酒咖茶饮、时尚买手、设计展览、亲子娱乐六大商业业态，联动互补形成商业生态链。通过自持文化艺术空间和大量文化活动，打造文化消费新场景，引入新消费品牌近百家，包括 Haxxy 暖亲主题游乐场、Bonfire、Deck、Station Grill 等多家新消费品牌。

● 更新效果

城市老旧厂房的升级不仅仅是空间改造，最核心的是园区功能焕新。以文化驱动城市存量更新，从旧时的纺织仓库向国际潮流文化综合体的全面焕新。郎园 Station 在文化产业方面，重点布局数字影视产业，所在片区已经成为国内少见的拥有影视全产业链，尤其以后期视效制作为龙头的数字影视产业基地，所在片区占全国院线电影的后期制作市场份额 60% 以上。在文化消费方面，以创新的非标新消费品牌孵化和体验式文化消费场景打造，填补了第四使馆区服务国际文化交往和创新文化消费的空白，成为小红书、大众点评等平台重点推荐的多榜单网红打卡地。运营至今已累计引入新消费品牌近百家，多家爆火的新消费品牌聚集于此，已经成为北京的新文化消费孵化基地、2021 年文化消费品牌榜项目、2022 首都城市更新优秀案例。

城市更新不仅要孕育产业，还要产生经济效益，郎园 Station 的运营模式不是简单的二房东、房租收益最大化的单一目标，而是通过打造共生进化的鱼塘生态，以"招租和招税并重"，为园区和政府培育可持续的营收和税收增长。

同时依托园区，还要服务属地社区，以文化为抓手，本地化运营，提升百姓幸福感。做社区调查，与属地政府合作，积极承担政策宣传、文化、科普、普法、公益服务等社会责任，建设理想社区，成为凝聚烟火气的城市客厅，发挥出更大的社会效益。郎园 Station 通过中央车站文化商业综合体、剧场、城市书房、时空晶体等空间场景，打造国际美食嘉年华、森林艺术生活节、国际时尚文化演出、时尚秀场、设计展示、文化沙龙、读书分享会等系列品牌活动，助力公共文化服务体系建设，营造城市的温度和栖居的幸福感。

作为北京市工业仓储区城市更新的优秀案例，郎园 Station 集中体现了北京市国企参与城市更新的责任和担当。通过城市更新项目不断织补城市功能，增加城市活力，以文化驱动城市存量更新，为城市提供一处有情感、有温度的国际文化地标，让城市更加美好。

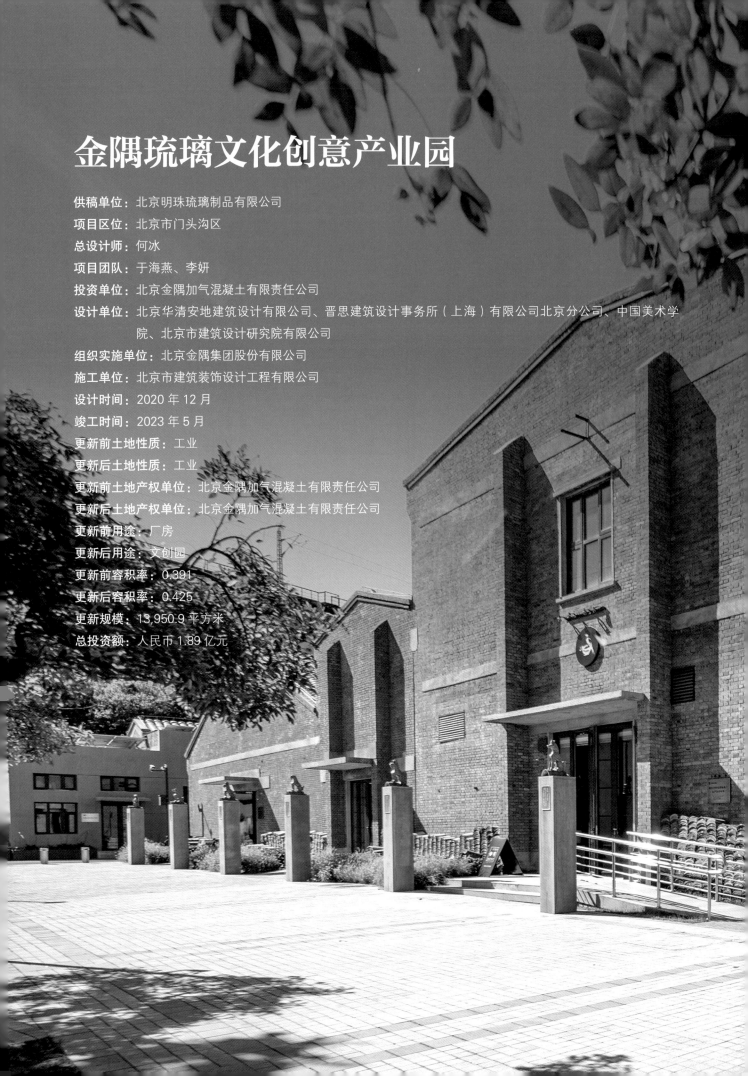

金隅琉璃文化创意产业园

供稿单位：北京明珠琉璃制品有限公司

项目区位：北京市门头沟区

总设计师：何冰

项目团队：于海燕、李妍

投资单位：北京金隅加气混凝土有限责任公司

设计单位：北京华清安地建筑设计有限公司、晋思建筑设计事务所（上海）有限公司北京分公司、中国美术学院、北京市建筑设计研究院有限公司

组织实施单位：北京金隅集团股份有限公司

施工单位：北京市建筑装饰设计工程有限公司

设计时间：2020 年 12 月

竣工时间：2023 年 5 月

更新前土地性质：工业

更新后土地性质：工业

更新前土地产权单位：北京金隅加气混凝土有限责任公司

更新后土地产权单位：北京金隅加气混凝土有限责任公司

更新前用途：厂房

更新后用途：文创园

更新前容积率：0.391

更新后容积率：0.425

更新规模：13,950.9 平方米

总投资额：人民币 1.89 亿元

● 更新缘起

金隅琉璃文化创意产业园前身为北京明珠琉璃制品厂（琉璃渠村皇家琉璃窑厂），是现存经考证拥有760年厚重历史的皇家琉璃官窑，2008年获评国家级非物质文化遗产保护传承基地。该窑厂曾参与了元大都、明清北京城的建设，是北京城市史、中国建筑史与陶瓷史的重要见证，具有较高的历史、艺术和科研价值。2013年因环保等因素厂区关停，由于建设年代久远，停用时间较长，厂房大部分已破损、坍塌。

2020年，金隅集团切实结合首都"四个中心"建设，为更好地延续历史文脉，丰富文化内涵，在《"十四五"非物质文化遗产保护规划》《北京市非物质文化遗产条例》的要求指引下，贯彻"保护为主、抢救第一、合理利用、传承发展"的工作方针，在故宫博物院、北京市文物局和门头沟区政府的大力支持和帮扶下，正式启动旧厂区的更新改造工作。通过对老旧工业厂房改造升级，打造以"古法琉璃烧制技艺传承"为核心的琉璃文化创意产业园区，为非遗保护传承、活化利用作出贡献，打造非遗保护传承的"北京样本"。

● 更新亮点

1. 设计创新

金隅琉璃文化创意产业园采取"尊重历史、合理利用、新旧共生、展示主题"设计原则，保留并利用现状园区建筑物，尊重园区肌理、风貌形象和文化记忆。用自有的琉璃元素文化和工业遗存特色营造出趣味盎然的氛围与情景体验（图1、图2）。

（1）对园区中最具代表性、标志性建筑——倒焰窑、隧道窑，按照原规制

图1 园区

图2 夜间园区鸟瞰图

进行保护性修缮的基础上，以"泛博物馆"概念，结合光影艺术等新元素打造沉浸式琉璃历史文化展陈，使工业遗址焕发新的生机和活力。

（2）新建琉璃生产厂房则以现代艺术馆风格设计与其他历史建筑形成强烈的对比，承载生产、传承、科研产业功能。

（3）民宿的整体设计，取之人文和其建筑特点，新旧结合，用自有的琉璃元素文化和工业遗存特色，营造出趣味盎然的起居氛围与情景体验。

2. 技术创新

金隅琉璃文化创意产业园建设初期，统筹考虑日后非遗生产过程中产生的碳排放，即设定生产环节实现"碳中和"的目标，力争打造北京"碳中和"的示范园区（图3）。

（1）选用先进环保设备，确保实现超低排放

针对生产环节使用传统的柴、煤燃料，建设先进的空气净化和尾气回收设备，在符合北京市环保排放

要求的前提下，采用传统与现代相结合的手段，原汁原味恢复古法烧制技艺，实现千年琉璃烧制技艺的复原、传承与研究。

（2）通过多种途径实现园区碳中和目标

通过拓展园区绿化面积、铺设光伏发电设施，同时辅以建设二氧化碳捕集线等举措，逐步实现园区的整体碳中和目标。

3. 模式创新

金隅琉璃文化创意产业园在恢复古法琉璃烧制技艺的基础上，构建"非遗+"模式，通过国际非遗文化交流及展览、文化旅游、非遗研学、非遗文创衍生开发等进一步推动琉璃烧造技艺非遗高水平保护、高质量发展，科学提升琉璃烧造技艺传承利用水平，为非遗保护传承提供"北京样本"。

4. 运营创新

在恢复古法琉璃烧制技艺的基础上，积极开展琉璃文化论坛、文化艺术展览、非遗研学、琉璃文创产

（a）

（b）

（c）

（d）

图3 琉璃文创园隧道窑改造前、后

（e） （f）

图3 琉璃文创园隧道窑改造前、后（续）

品开发等运营工作，同时引入优秀非遗工作室、网红餐饮、特色咖啡、文化创意类企业入驻园区，实现琉璃制品工厂转型成为具有活态传承标签的生产型创意产业园。

（1）重启故宫等皇家建筑琉璃产品的研究工作，保证在京皇家建筑修缮所需高端琉璃产品及琉璃产品规制文化有据可依的需求（图4）。

（2）与故宫博物院共同建设琉璃研究与保护中心，

加强行业间交流合作。

（3）以"泛博物馆"概念打造"琉璃十二境"常设展览，推广琉璃文化交流。

（4）建立非遗研学中心，促进校企合作，助推琉璃文化的普及和技艺传承（图5）。

（5）通过举办文化论坛、展览、市集等活动，弘扬中华传统文化魅力。

（6）文化与旅游并举，推出琉璃文创产品、引入

图4 博物馆内景1

图 5　博物馆内景 2

图 6　琉璃文创园区位图

图 7　改造后平面图

优质国家级非遗技艺项目、打造专属参观路线、琉光璃舍民宿、琉璃餐厅，与现代艺术及网红餐饮、咖啡文化融合，以创新模式呈现琉璃文化。

● 更新效果

1. 社会效益

金隅琉璃文化创意产业园项目在规划建设过程中得到了各级领导的重视。2021 年 10 月 11 日，时任北京市委书记蔡奇到金隅琉璃文化创意产业园项目调研指导工作时指出，要重视文化遗产保护传承利用，建设好琉璃文化创意产业园。2021 年 7 月 19 日，时任

北京市委副书记、市长陈吉宁到金隅琉璃文化创意产业园项目调研指导工作，对金隅琉璃文化创意产业园给予肯定，对恢复素烧窑和复建釉烧窑方案表示认可，并提出具体要求要注重保留延续琉璃古法制作工艺，加强非遗技艺人才培养，加大后继人才储备，让琉璃古法烧制工艺后继有人、焕发生机并结合北京国际交往中心定位，拓展园区商务与外事功能，完善服务配套设施，加强特色文创产品研发，增强园区吸引力，实现国际交流与文化传承有机结合（图 6、图 7）。

按照市领导的相关要求，金隅集团与故宫博物院、北京市文物局和门头沟区政府签订四方战略合作协议，聚焦技艺传承和国保修缮等主题，积极谋划推进落实

琉璃烧制技艺的保护传承、活化利用，打造非遗传承的"北京样本"（图8、图9）。

（1）技艺传承。作为传承七百余年皇家琉璃烧造技艺的历史厂区，按照传统工艺恢复保护性生产，汇聚传统匠人将历史技艺代代传承发展，可真正意义实现千年非物质文化遗产的薪火相传与活化利用。

（2）国保修缮。作为历史皇家官窑，此厂从元代起作为古代官制琉璃工艺的重要生产基地，传统工艺恢复琉璃产品烧制后，可为故宫博物院等古建修缮和复原提供一脉相承的高品质琉璃材料和技艺，继续为中国历史文化传承贡献力量。

（3）国际交往。通过琉璃博物馆和园区琉璃展示交流，创新国际交往中心的新形式新内容，为古都国际交流提供新内容。

（4）非遗聚集。联合更多相关非遗传承单位携手将园区打造成为以文化传承为核心、多种非遗技艺传承共融为特点的非遗项目聚集地，实现文化传承的良好生态。

（5）协同发展。将琉璃文化创意园760年窑火不熄的烧造技艺与"中国历史文化名村""中国传统古村落""北京最美乡村"等多项荣誉融入公共文化服务体系，契合西山永定河文化带整体布局，作为"一线四矿"的重要区位带动周边经济协同发展，促进乡村振兴。

2.经济效益

项目总投资18900万元，项目建成运营后经测算，年均收入1579万元，年均利润685万元。金隅集团后续将继续完善运营内容，持续引入文旅等优势资源，全力开展后期运营工作，确保园区实现良性运转与前期投资回收。项目未来主要收益来源包括但不限于：国际非遗文化交流及展览、文化旅游、非遗研学、非遗文创衍生开发售卖、配套商业及文创办公空间租赁、文化接待中心运营等；同时结合门头沟的发展战略，在此基础上进一步带动琉璃渠村等周边经济协同发展。

（a）   （b）

图8　琉璃文创园琉璃龙凤壁改造前、后

（a）   （b）

图9　琉璃生产厂房改造前、后

中国城市更新和既有建筑改造典型案例 2023

商办（区）更新

西单更新场

杭州新天地中央活力区

BOM 嘻番里

蛇口网谷

重庆招商九龙意库文化创意产业园

北京越界锦荟园

The Oval 一奥天地

虹桥之源：大虹桥德必 WE

西单更新场

供稿单位：华润置地华北大区

项目区位：北京市西城区西单路口东北侧

投资单位：华润置地（北京）股份有限公司

设计单位：CallisonRTKL/ 中国建筑科学研究院有限公司

组织实施单位：华润置地华北大区

施工单位：中国建筑第二工程局有限公司

设计时间：2018 年

竣工时间：2020 年

开业时间：2021 年

更新前土地性质：城市绿地用地

更新后土地性质：城市绿地用地

更新前土地产权单位：华润置地（北京）股份有限公司

更新后土地产权单位：华润置地（北京）股份有限公司

更新前用途：商业

更新后用途：商业

更新前容积率：0.22

更新后容积率：0.2

更新规模：35,375.05 平方米

总投资额：人民币 6 亿元

● 更新缘起

西单更新场（以下简称更新场）是长安街沿线唯一一块公共性开放空间，具有重要历史文化价值，同时西单又承载着从明末清初至今的商业历史记忆。其前身历经西单劝业场、77街购物中心、西单文化广场，在不同时期见证西单商圈的繁荣。

本项目的重要性和特殊性首先来自长安街和西单北大街交汇点的地理位置。长安街是代表着国家形象的公共空间，西单是传统的商业空间，西单文化广场叠加着两种不同的空间属性，既要庄重端庄，同时又要具有大众性和商业化的活力。这种矛盾特征还体现在其地上地下两部分构成的空间格局。它不仅是一个地面的城市广场，同时还是一个公共交通节点，不仅通过广场和天桥连接周边，同时与两条地铁接驳。这种立体空间和混合功能的特征契合城市公共空间的发展趋势，使西单文化广场从建设伊始到当前的改造都带有探索和示范性。

本项目被北京市作为1999年新中国成立50周年献礼工程，由华润置地投资建设完成；2008年为迎接新中国成立60年大庆，西城区政府对西单文化广场地面改造，到2014年，根据消防新规要求，疏散宽度远远不足，有安全隐患，亟须进行改造。华润置地响应北京"疏整促"工作的开展，在更新场前身77街购物中心运营良好的情况下主动关停，跟随时代转型、勇于突破难题，用半年的时间，腾退小商贩646家，疏解近4000人口。

● 更新亮点

1. 设计创新

更新场的前身地上为西单文化广场，地下为77街购物中心。改造后，整个地上部分成为城市公园，实现了"森林再造"，而原有低端商业进行减量提质，最终成为绿地与商业结合的复合功能综合体（图1）。

升级改造基于对立统一的设计理念，重建项目的整形性，把地上地下空间作为一个完整连续的城市空间系统，从而最大程度地释放整个项目尤其地下空间的潜能，提升价值并改善体验。西单文化广场改造作为城市更新行动下的传统商圈提升，承担了人们对于高质量环境和高艺术品位空间的迫切诉求，提升了西单地区的城市形象（图2）。

审美基调上，主要从空间、形象和内容三方面进行提升。首先，华润邀请Callion RTKL公司刘晓光作为总建筑师进行设计，通过建筑空间营造、景观环境提升等方式回应群众对于公共空间艺术化的审美需求。建筑化整为零融入了景观里面，"隐"的理念较好地营造了桃花源般中式传统园林意境。打通了内部的垂直空间，通过将多个天窗引入三个中庭，把原本封闭的地下二层也暴露在天光云影之下，在建筑内部打造出大型的户外化、多用途的城市公共空间，打造博物馆一般的建筑光影体验。其次，邀请Pinhole作为室内设计单位，LPA作为灯光设计单位进行泛光、景观以及室内照明氛围营造。主创设计顾问均为国际国内一流

（a）

（b）

图1　西单更新场改造前、后

（a）　　　　　　　　　　　　　　　　　　（b）

图2　西单文化广场改造前、后

设计事务所，其设计风格设计调性符合更新场项目气质。多家顾问强强联合给华润设计管理工作带来挑战，最终呈现的效果实现了整体协调统一，也再次印证了顾问选择的重要性以及顾问精细化分工的必要性。此外，华润邀请中央美术学院刘治治作为更新场 logo 设计师，用符合年轻人调性的潮流手法强化更新场的审美品位。最后，打造艺术气场，聘请艺术品顾问和软装顾问，在场地内放置高品质雕像、艺术小品，结合空间特色和店面设计，共同构建美好，回应群众对美的需求。

整体空间营造上，西单文化广场以灵活的动线、大面积的玻璃采光天窗和开阔的场地将室内空间和室外公园连接起来，构建了核心的下沉广场，打破了自然、商业、艺术的边界。地面景观将从硬质铺装为主的广场转型为绿树成荫的城市森林，借助由外至内多层次的植物配置，在城市中心营造一处四季景色变换、有机天然的绿色空间。同时，广场建筑整体呈现古朴的色调，并预留了和周边地块的连接通道。旨在弱化

商业特征、传承文脉的同时，使得地上地下空间一体化、立体化，承天接地、叠山理水，集大木聚主景，营造闹中取静的都市山水（图3）。

室内设计上，为减弱地下场所带来的逼仄压抑，破解地下商业空间的局限，营造室内外良好的互动交流关系，设计者将原有地下4层改造成地下3层，减量提质；通过多个通高空间、自然采光区域，提升使用者的整体体验，优化建筑整体流线，使得地下两层都沐浴在自然光下。其中，地下二层的西南主中庭的挑空天光云影、水幕，更是更新场内第一人气打卡地。

场景营造上，广场一侧设置宽大阶梯，为小型音乐会、沙龙、签书会、露天课堂等文化艺术活动提供可能。室内还设计多个开放式空间，可以根据不同需求，满足文化沙龙、快闪店体验等多种空间功能；其空间营造不只是一个单纯的综合商业体，而是成为一个有活力、有多种可能性的当代场所。

材料选择上，建筑整体采用火山岩和阳极氧化铝板两种主要幕墙材质，从粗粝、坚实的天然材料肌理

（a）　　　　　　　　　　　　　　　　　　（b）

图3　西单文化广场改造前、后效果图

向光滑、朦胧的金属材料过渡，由繁而简，由实而虚，由重而轻，消解释放，构成一个抽象的"石沉云起"意象。外立面材质由下而上，从石材到铝板的过渡，由实而虚的变化暗合西单"瞻云"牌坊的主题（图4）。景观营造上，贯彻"城市森林"理念，为整个地上部分覆盖1.12万平方米的绿地，圆形下沉庭院的中心是一组层叠升起的台地，松柏和水瀑散布其间，串接上下，构成一幅可居可游的立体山水图景（图5）。采用松柏、国槐等常绿乔木，适宜温度调节和土壤改良，根据周边场地的形态和种植条件，沿场地对角线划分后山和山前两个区域。后山以沿街建筑的屋顶为基础，以一道连续的围墙和规则的绿化构成完整的边界和背景（图6）。山前为连续完整的绿化空间，借助微地形变化营造接近自然状态的城市森林和绿色空间屏障。同时，通过树种变化及景观节奏的设计，让使用者在广场内实现"快行""慢行""休止"三种观赏节奏。使用者在牌楼外面的时候，以开阔路段打造"快行"步调；进入广场顺着主路穿行林间时，以适宜的景观体验，茂密精致的树种布置提供森林般的静谧阴凉；行至中心的花境，则会情不自禁地驻足观赏，达成"休止"节奏的转变（图7）。

2.技术创新

西单文化广场在2018—2019年的改造施工过程中，由于时临2019年新中国成立70周年庆典，位于长安街边、核心区内的西单文化广场收到了将施工影响降到最小，大庆前必须完成地上绿地建设的紧急要求。为此，刚开始施工的

图4 幕墙材料

图5 景观营造

图6 下沉庭院

更新场整体采用 BIM 方式管理，把控全过程进度，并采用"逆作法"进行施工，提升沟通及施工效率，圆满完成了上级要求。

BIM 方面，西单更新场的 BIM 实施贯穿了施工图设计、施工等项目全过程。服务范围包含地上商业及服务用房、地下商业及设备用房。通过 BIM 技术主要解决三项问题：一是管线合理化排布，提升安全性。该项目属于地下商业类项目，空间设计复杂，因此，对于空间的安全需求相对更高。考虑后期施工安装检修空间以及人流密集情况下紧急疏散路线等因素，通过三维可视化对喷淋、消防等专业管线与其他各专业管线进行合理化排布，在符合相关规范要求的基础上，排除隐患，提升安全性。二是优化净高，解决空间利用率不足的问题。通过 BIM 模型，发现部分区域空间利用率不足的问题。为此，将整体区域管线进行了路由调整，重点考虑了局部重点区域，空间净高得到明显提升，从而最大程度地满足了建筑净高的要求。三是指导施工及精装，提升整体建筑品质。BIM 模型实施管线综合应用后，按施工图各专业出具深化设计图，

协助设计方完善现有施工图纸，并有效验证精装所提吊顶的合理性，提升整体的装修效果。

"逆作法"运用方面，"逆作法"是一种超常规的施工方法，常用于高层建筑多层地下室的施工中，用以应对深基础、地质复杂、地下水位高等特殊情况。在国外如美、日、德、法等国家，已广泛应用，收到较好的效果，"逆作法"能有效提升施工效率，大约可节省总工时的三分之一。在更新场的施工过程中，为满足特殊节庆所造成的时间节点，施工时间有着严格要求；同时为了尽快回应首都核心区居民对于开放空间的迫切诉求，华润置地发挥技术能力，采用"逆作法"方式，率先施工地下一层及地面层，保障"城市森林"尽快亮相，之后对地下二、三层进行施工，提高施工效率的同时，提前了地面公共空间的开放时间，最大程度地保障了空间环境品质的升级。

3. 模式创新

历数更新场成功改造的历程，顺利完成项目重大里程碑节点，不仅体现了华润置地具有城市建设、运营系统全面升级的实力，更体现了华润置地刻在骨子

（a）

（b）

图 7　改造后效果图

（c）

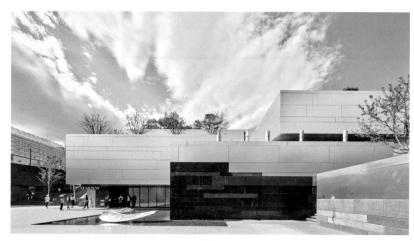

（d）

图7　改造后效果图（续）

里的"持之以恒开拓创新，持之以恒攻坚克难，持之以恒追求卓越"的企业精神。正是三个持之以恒的思想引领，使得项目开发建设团队克服了施工工期紧、安全管理压力大、疫情影响等多重因素。施工工艺采用"逆作法"，由上而下的施工顺序确保景观园林一期如期亮相，献礼2019年新中国成立70周年大庆。并最终于2021年4月完成全部升级改造工作。

在"政企合作"过程中，改造方案地上地下建筑园林统一由华润置地设计管理，在北京市政府及西城区政府大力支持与指导下，上会通过专家评审以及政府汇报。作为城市更新项目的实施主体和工作轴心，华润置地通过持续积极深度沟通，促成与多个政府部门和企业通力合作。不仅加速了项目周期，成功实现了地块价值再造，更开启了北京城市更新的新模式。

4. 运营创新

在项目改造中，华润置地开创了"政企合作"的城市更新模式——以社会资本方华润置地为实施主体，与政府形成清晰的权责分配、互相协调的机制。同时，华润置地与相关企业自主协商达成利益共赢体，由此形成了新型"政企协作"关系。

项目运营责权界面清晰，景观植被由政府出资及后期养护，地下商业华润置地出资建设、华润万象生活管理运营。

● 更新效果

对于存量老旧市场的改造，既要尊重地脉历史文化，又要最大限度地重塑城市空间和城市功能。更新场蕴含着北京的新与旧，古都风貌与现代功能。事实上，西单更新场更像一个试验场，不论城市森林再造、工程逆作法、复合化功能营造，还是独特的商业运营，都在助力更新场成为北京城市更新的新标志。

更新场各方利益权衡之复杂、历时之长、投资之大，都使其成为北京城市更新历程中一个特殊的样本。其建筑形态、设计理念以及品牌引入过程中，积极顺应了北京城市发展的时代趋势，成为北京城市更新的潮头之作。值得一提的是，更新场采用了TOR（以公共交通为导向的城市更新）模式，地铁直接接入商业空间，实现地上地下空间一体化。

一切的付出都会开花结果，更新场也因此获得政府、业内以及广大市民的广泛关注及高度认可，实现了经济和社会的双重效益。众多业内人士更是将西单更新场，作为北京城市更新的研究课题。

杭州新天地中央活力区

供稿单位：杭州新天地集团有限公司

项目区位：杭州市拱墅区东新街道

投资单位：杭州市实业投资集团

设计单位：RTKL 国际有限公司（RTKL International）、杭州市城市规划设计研究院

组织实施单位：杭州市实业投资集团

施工单位：中国建筑第八工程局有限公司、中天建设集团有限公司

设计时间：2009 年 9 月

竣工时间：2021 年 11 月

更新前土地性质：工业用地

更新后土地性质：商业金融用地、文化娱乐用地、教育科研设计用地

更新前土地产权单位：杭州重型机械厂

更新后土地产权单位：杭州新天地集团有限公司

更新前用途：杭州重型机械厂

更新后用途：商业、办公、公寓

更新前容积率：–

更新后容积率：2.0 ~ 5.7

更新规模：约 180 万平方米

总投资额：人民币约 100 亿元

● 更新缘起

在杭州辉煌的工业发展史册上，城北书写出了浓墨重彩的篇章。杭州重机厂珍藏了城北的工业印记，雕刻着几代人的记忆，具有丰厚的历史价值和象征意义。2007年开始，为了响应杭州市"退二进三"、优化产业结构的重大布局，杭州重机厂搬往临安青山湖工业园后，原地块开始走向变身"杭州新天地"的涅槃之路。打造杭州新天地中央活力区，建设"创新创业新天地"，也是原杭州市委、市政府赋予杭州新天地集团的一项重要任务。

经过十余年的建设，在曾经一度沉寂的工业文明之上，一个新的商业文明惊艳重生——占地面积850亩、建筑总体量约180万平方米、投资超过100亿元的杭州新天地中央活力区，保留了珍贵的新中国重工业记忆，以生产、生活、生态的"三生合璧"，以产业、文化、人才的海纳汇聚，打造成为集商业、商务办公、SOHO/LOFT商住区、文化创意休闲、旅游目的地、总部经济于一体的当代城市更新范本。

● 更新亮点

1. 设计创新

"找出特色，强化特色，维持特色"，概括了杭州新天地在总体规划、城市设计、后续设计建造与长期运营中的关键与难点。

在进行基地调研后，设计团队挖掘出场地最大的特色是四栋状况良好的厂房、诸多散落的工业零部件，以及北部的自然河道，它们未来可以成为环境的亮点和标签。设计团队提出"一心一环，两轴四区"的城市设计总体空间框架，老厂房集中的区域形成创意和消费产业集中的核心区，以点石成金的方法将现有的资源变成资产。北侧东西向河道与南侧废弃的铁道纵向接通，形成一个环状的开放空间系统，把分散的工业建筑、铁轨和各种构件、区域河网体系，以及延伸到基地内的河道自然元素联系起来。各个功能板块都能获得更高的景观价值和更好的步行可达性，从而达到价值均好与业态互补的关系。

经过多方鉴别和论证之后所保留的四幢红砖工业车间，分别是金工装配及钣焊车间、铸铁车间、钣焊车间和铸铁清理工部，散落在现场的铁轨、烟管、吊机等大小不一的工业构件也颇具特色。几个车间距离接近，相互围合，适合集中打造具有工业遗存特征、步行可串联的核心特色场所。通过保留老建筑的外形、质感和细节，承载与传递记忆和情感（图1）。

围绕升级改造的老厂房所形成的核心商业板块——新天地活力Park，成为地铁站上盖180万方中央活力区的焦点场所。复合功能的建筑群及其围合出来的公共空间，经过品牌、策划、建筑、景观、标识、植物、声光电等多种设计，共同塑造出场景，创造出尺度宜人、工业风鲜明的出圈体验。在延续历史的同时，进行业态置换。生产车间转变为现代的演艺和零售商业空间，作为园区内商办和公寓产品的配套，与其他的城市综合体形成了差异化竞争。新天地活力Park可以容纳日夜各类活动，原有的厂房机械构件则增添了戏剧性的景观氛围（图2）。

2. 技术创新

对于现存老厂房的建筑、空间、结构以及设备，出于尊重历史、尊重文化的考虑，新天地集团做了最大限度的保护和修缮。原厂中摇摇欲坠的砖外墙、生

图1　老厂房改造前

图2　改造后的新天地活力Park

图 3　改造前

图 4　改造后

图 5　室外空间改造前

图 6　室外空间改造后

锈的移动式起重机，以及砖建造的工业烟囱和大混凝土柱廊，都是项目改造的重点和难点。设计师巧妙运用了传统与现代的建筑构件，将工业文明与现代文明进行完美对接，营造出了一个具有鲜明时代特色的商业空间（图 3）。

为展示老厂房的原始风貌，建筑从外观上保留了厂房的结构和有工业厂房特色的气楼屋顶，但同时又以 21 世纪精巧的玻璃和钢结构为老厂房注入了新的活力。街道具有满满的工业风，裸露的烟囱、水泥柱与钢筋栅栏交错呼应，代入感极强（图 4）。

室外空间的装置艺术也是设计师重点关注的范畴，因为它是历史的另一种打开方式。音乐喷泉、工业风的龙门架、五彩斑斓的灯光与喷泉和水幕搭配出迷人的光影效果。所有的细节都精心处理，随处可见的镂空金属氛围美表现出对工业遗存文化的回忆（图 5、图 6）。

此外，厂房内部遗留下的工业设备，经检测整修后成为庭院景观的一部分，在作为艺术品展示的同时可供人们缅怀过去的工业时光，亦可展现大工业时代的生产印迹，通过对老厂房的积极保护焕发出了旧建筑的生命力。如今，杭州新天地中央活力区活力再现，历时 5 年、投资近 15 亿元打造的加拿大太阳马戏创排亚洲唯一驻场秀——杭州"X 秀"也在这里上演。利用工业遗存旧厂房独特的空间，定制推出可同时容纳 1500 人观看的演出，通过 100 米宽的长城幕舞台、360 度旋转座椅台、高空自动滑车、激光工程投影等设备，把黑科技与工业风完美结合。

3. 模式创新

不同于传统的开发项目，商业地产在开发运营过程中对管理水平有着更高的要求。对于新天地集团来说，无论是城市中央活力区、养生度假区还是城市文化名片的打造，运营管理能力是每一个产品背后

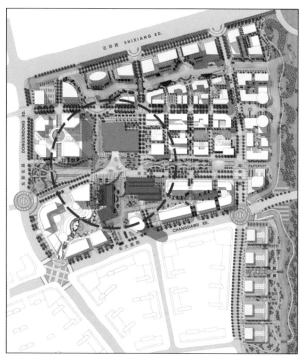

图 7 设计规划图

的生命基石。

作为城市更新的典型，杭州新天地中央活力区脱胎于杭州重机厂旧址，承担着助力区域崛起的重任。城市中央活力区的概念起源于英国伦敦，相比于传统中央商务区存在的人流潮汐现象，中央活力区将居住、商务、商业、娱乐、旅游多种城市功能合而为一，形成工作、生活、消费的完整闭环。杭州新天地覆盖演艺、酒店、资产、商业、园区服务五大运营业态，也因此发挥出强大的聚集效应（图 7）。

杭州新天地作为杭州城市大脑示范区之一，目前已有 400 余家企业入驻，就业人口 5 万，为城市大脑提供了理想多样的应用场景。园区整合多方资源，为国内外企业与人才团队提供政策、创业、生活、服务等一系列支持，打造成为区域数字经济产业集聚的第一平台。在日常管理中，停车无感支付、智慧电梯、阳光厨房、30 秒入住等便捷措施都能够更好地为中央活力区的住户、白领、游客服务，提升入园的品质感。

一直以来，新天地集团探索"打通文商旅、精彩全时段"融合消费新模式，通过发展产业、丰富业态、互相引流，在上述两个项目形成覆盖吃、住、行、游、购、娱的夜经济全类消费场景。白天，数百家企业数万名员工在园区办公；入夜，杭州"X 秀"、活力

Park 酒吧集群、livehouse、巨幕 IMAX 影院、五星级丽笙酒店、特色餐饮等"夜经济"业态皆集聚于此。"日游西湖，夜玩新天地"的旅游路线正在杭州悄然兴起，杭州新天地已然成为一座"24 小时繁华"的不夜城，并在 2022 年入选为国家级夜间文化与旅游消费集聚区。

4. 运营创新

凭借不断提升的品牌力、竞争力与综合实力，新天地集团近年来先后荣膺"中国城市更新优秀运营商""中国商业地产企业 TOP50""城市复合产业运营卓越企业""中国物业服务百强企业"等荣誉称号。作为杭州唯一入选第二批国家级夜间文化和旅游消费集聚区的项目，新天地中央活力区以六张金名片享誉杭城，分别是国际演艺、特色夜经济、文化创意街区、特色商业街区、新兴产业集聚、智慧园区。如今的新天地中央活力区，夜经济金名片闪亮夜空，文商旅载体星罗棋布，成为夜间经济消费新的增长点。

在充分发挥成熟园区在文化积淀、区位交通、成熟配套方面已积累先发优势的同时，杭州新天地中央活力区积极发挥市场化运营主体的优势，联动园区大健康头部企业阿斯利康、上市公司香飘飘集团、杭州独角兽企业捷配科技等共同打造核心产业资源平台，以产业服务软实力构筑未来持续的产业竞争核心力，通过打造符合产业发展的生态环境，成为未来吸引高质量企业入驻的品质之选。

2021 年，新天地集团斥资 2000 万元，在 180 万平方米的中央活力区内打造杭州市区最大的亚运观赛空间。作为"集聚参观"和"逛游玩乐"的多功能观赛场地，新天地亚运观赛空间全方位融入亚运元素，传播主办城市精神与形象，激发广大群众的获得感和参与感，营造全民亚运氛围。

亚运元素的导入给杭州新天地带来了更加多元的场景，使得中央活力区与社区的融合更加紧密。亚运观赛主空间、亚运倒计时装置、彩虹跑道等设施皆可为居民游客服务，在提升亚运氛围的同时切实地将服务社区、快乐运动的理念落到实处。新天地亚运观赛公园在赛时为市民转播亚运精彩赛事，吸引观众驻足观看亚运，提升观赛体验，营造全民参与亚运、服务亚运、奉献亚运的浓厚氛围。

与杭州新天地一路之隔的杭州电竞中心正式竣工，

图 8　杭州新天地与杭州电竞中心鸟瞰图

成功举办了亚运会首次电竞比赛。与杭州电竞中心连为一体的杭州新天地，不断积聚多家优秀数字科技企业，通过在数字生态领域不断深耕建设，焕发着前所未有的蓬勃生机。同时，新天地亚运观赛空间也将持续赋能新拱墅和新天地园区，通过持续精益运营能力实现流量转化，进一步推动拱墅区夜间经济和旅游消费增长，促进新天地产业生态向好发展，衍生出更多业态、创造出更大价值（图 8）。

● 更新效果

从 2018 年新天地中央活力区的亮相开始，直至 2019 年新天地活力 PARK 和新天地艺术中心的启幕，新天地中央活力区已逐步稳定了"工业风 + 历史感""文旅 + 商务""国际化 + 潮流化"的"文旅商综合体 + 高品质夜生活目的地"口碑，锁定了年轻的潮流消费群体。杭州新天地不仅完成了土地承载功能的转换，还契合了时代的需求，实现了生产与生活方

式的转换，见证了经济体系向更加多元化发展的趋势（图 9）。

如今，杭州新天地中央活力区迈入精耕细作的升级阶段，它不仅是一个旧厂改造而来的商业项目，也是一个将工业遗存文化、演艺、特色商业相互融合的文旅项目。除了浓厚的商务氛围，吃、住、行、游、购、娱在这里都能够被满足。精品导向、精益运营的新天地中央活力区还在产业培育、消费旅游等方面持续发力，成为引领杭州大城北崛起的桥头堡。

随着新天地亚运观赛空间完美蝶变，新天地已有的国际演艺、时尚消费与电子竞技代表的数字娱乐形成天然的契合度，未来借势电竞场馆国内外顶级赛事，对杭州新天地集聚数字娱乐产业资源有强大的协同作用。新天地集团也将以电竞、直播、短视频为重点，发展包括数字传媒、数字游戏、数字动漫、数字文学、数字音乐、数字教育为代表的数字内容产业，借势集群效应。

世界 500 强制药企业阿斯利康东部总部落地中央

活力区，同样也是对杭州新天地大健康产业版图的一次全新升级。作为全国区域性总部，这里将成为阿斯利康中国五大区域总部之一，具备运营、销售、创新孵化等功能。以携手阿斯利康为起点，将树立杭州新天地在全市生命健康产业地图中的影响力，推动现有大健康产业资源的整合、优化、升级，龙头项目的引领作用将带动高质量的产业资源的引入。

在"区块链"领域，杭州新天地以 BSN 产业孵化基地落户作为契机，依托 BSN 强力集聚区块链产业中下游企业，包括中游进行智能合约、BAAS 平台、信息安全、数据服务、解决方案等技术拓展平台及服务的企业及机构，下游进行区块链技术应用的企业及机构。

未来，新天地集团将响应园区产业规划与建设需求，以城市中央活力区、养生度假区、城市文化名片三大主力产品为引擎驱动，文、商、旅三位一体，有机互动、协调发展。作为将工业资产转变为商用地产，并长期潜心运营的先行者，新天地集团把杭州新天地这一超大型城市更新项目打造成为城市文化名片，它将凭借持续的精益运营，培育精品特色产业，不断巩固城市复合产业运营商新标杆这一角色。

图 9　杭州新天地活力区

BOM 嘻番里

供稿单位：北京岚达文化科技发展有限公司
项目区位：北京市海淀区学清路 38 号（B 座）1 至 4 层 A1.B 及 2.3.4 层
总设计师：梁一帆
项目团队：梁一帆、古丹丹、赵海丽、陈思、沈丹丹、杨丙章、刘洋、彭浩然、韦炫言、谭磊
投资单位：北京首创创业投资有限公司
设计单位：北京夏谷暑雨商业策划有限公司
组织实施单位：北京岚达文化科技发展有限公司
施工单位：中电联合建设有限公司
设计时间：2020 年 4 月外审通过
竣工时间：2021 年 1 月验收通过
更新前土地性质：商业综合
更新后土地性质：商业综合
更新前土地产权单位：北京欣华金誉科技有限公司
更新后土地产权单位：北京欣华金誉科技有限公司
更新前用途：商业
更新后用途：商业
更新前容积率：3.99
更新后容积率：3.99
更新规模：13,711.63 平方米
总投资额：人民币 3850 万元

● 更新缘起

金码大厦 B 座此前为五道口服装批发市场，是传统老式批发市场型商业空间，经过时代发展已经逐渐退出市场竞争行列，商业产品无法满足周边群体的消费需求。2017—2020 年，北京市"疏解整治促提升"工作中，海淀区学院路街道将这座老市场纳入升级规划，经过近三年的修整升级后，于 2022 年 3 月以"BOM 嘻番里"的形象正式开业。原空间室内功能布局及装修较差，为提升新产业定位，对项目整体形象、功能定位，以及楼内的装修和机电系统做了全面提升。

就金码大厦 B 座所处的五道口商圈而言，其位于海淀核心区域，周边环绕包括北京大学、清华大学等在内的高等学府 21 座，在校学生群体数量约 35 万，年轻群体是这个区域的主力消费人群。无论是过去的五道口服装市场，还是现在的 BOM 嘻番里，时代和消费需求在变，但不断更迭的目标人群始终有一个共同的特点——年轻。

从商业发展层面来说，人群需求的不断变化，带来商业内容的持续更新，随着 Z 世代群体的消费比重逐渐加强，传统商业已经无法满足他们的实际需求。在互联网已经越来越多地满足了日常消费后，BOM 嘻番里首要想解决的就是线下商业的迭代发展，以全新模式吸引年轻消费群体，让娱乐和商业回归线下。

BOM 嘻番里将年轻群体的社交需求作为核心，从项目的外观改造、内部装饰、商户选择，到沉浸式玩法机制的设置，用"兴趣社交"吸引对应人群，建立兴趣圈层，同时拉动消费升级，将 BOM 嘻番里打造为 Z 世代的兴趣社交地和娱乐生活场。

● 更新亮点

1. 设计创新

BOM 嘻番里将 ACG 文化（Animation 动画、Comics 漫画、Games 游戏）作为整体贯穿，让项目成为虚拟与现实的概念连接。

由于无法对原楼体进行整体改造，因此在设计时，突出视觉的冲击性和震撼力。具体表现为以太空元素为主，对楼面整体进行了包装，强化 ACG 的视觉识别元素。与此同时，加强招牌的外挂，设置项目 logo 与商户品牌 logo 的外墙露出，强化品牌识别性（图 1）。

在室内空间的营造上，以主题场景进行打造，将室外场景室内化。BOM 嘻番里整体风格以"未来感"为核心，加入霓虹灯带的元素，打造"赛博朋克"式的街区内景。配合背景故事《梦境之镜》的情境设定，打造"梦境入口""功勋墙""梦境小屋""绝地瞭望台""坠梦深渊"等特殊场景，配合沉浸式体验内容的同时，也形成自身独特的视觉体验，成为拍照打卡的特色点位。除此之外，BOM 嘻番里为入驻的每一家商户设置"虚拟店名"，例如以三坑服饰为主要经营内容的"春日花与月"，虚拟店名为"异世童话"，强化沉浸感与特色性（图 2）。

在项目背景"世界观"的设定上，以"梦境"作为故事基础，将 BOM 嘻番里一至四层设定不同内容，对应不同的游戏关卡。根据游戏线索，将商户进行串联，消费者在体验游戏内容的同时就完成了"逛街"的动作。游戏的机关设置在项目改造升级和商户装修阶段就同步介入，所有的机关都与商户自身的特点具有强关联性，例如在咖啡厅设置称量咖啡豆的平衡关卡，在陶艺馆设置陶艺作品的鉴别等，让体验更沉浸（图 3）。

2. 技术创新

BOM 嘻番里项目在设计改造、施工落地的过程中，全程应用 BIM 系统，让全建筑过程可视化，实现节点与细节的精准把控。

照明系统部分，重点进行氛围照明精细化设计，保证日常需求效果的同时避免造成过度照明。考虑到 BOM 嘻番里夜间消费商户的正常运营，设置夜间照明节能模式，在夜间通道保证基础的照明需求，实现分段管理。

空调分时管控配置。由于原有建筑线路老化，空调等基础设施不完备，因此在改造阶段重点升级了空调系统与新风系统，以保证室内空气的循环流通。尤其是四层餐饮部分，重点设置新风循环，让用餐环境更加优越舒适。日常运营过程中，中央空调主机分时段开启，保证新风机组运转的情况下，当室内温度高于 26℃时开启制冷空调，并于闭店前 2h 关闭空调制冷机组，利用系统内冷水进行降温处理。每月对冷却塔进行清洗，使冷却塔布水均匀，加大制冷量，减少风扇启动次数，以达到节能效果（图 4）。

（a）更新前（外观）　　　　　　　　　　　　（b）更新后（外观）

图1　BOM嘻番里更新前、后外观图

（a）设计规划图1　　　　　　　　　　　　（b）设计规划图2

图2　BOM嘻番里设计规划图

（a）更新前（公区）　　　　　　　　　　　　（b）更新后（公区）

图3　BOM嘻番里更新前、后公共区域图

设置人流统计监控系统。结合入口处的监控系统实时统计人流数量，为项目运营提供数据基础和分时段信息。同时监测项目内部不同时间人数，保证项目的正常运营，避免风险情况的发生。数据监控的实时反馈，与室内空调系统相衔接，在人流量较大或活动情况下，对新风、制冷等系统实现同步调节。

3. 模式创新

BOM嘻番里运营主体北京岚达文化科技发展有限公司，成立于2020年，是首创郎园平台统管的项目公司之一，由北京首创创业投资有限公司100%控股，属于文化＋商业范畴。BOM 嘻番里项目整体投资 3850 万元，全部为自筹资金。

BOM 嘻番里项目的收入结构包括商户租金、流水分成、活动场地及门票收入等。其中，流水分成模式是嘻番里孵化培育新消费品牌的重要方式。由于聚焦 Z 世代人群的兴趣分类，BOM 嘻番里在商户的选择上更小众，部分品牌甚至在嘻番里的孵化下实现初创，因此无法像成熟品牌或连锁品牌以固租模式进行合作。BOM 嘻番里通过减少固租，甚至零固租，加上流水分成的模式，帮助品牌在前期发展阶段投入更少成本，获得更好的成长空间。特殊的合作模式让嘻番里与商户实现的强关联、强绑定，互相促进，协同发展。这与运营模式的创新也一脉相承。

在运营模式层面，作为国内首个线下"元宇宙"主题商业项目，其最大的特色亮点就是项目本身与沉浸式解谜游戏的深度结合，将整个商场打造成为大型实景解谜"游戏场"——以体验带动消费，突破了传统商业在面对愈加年轻化市场的发展瓶颈。另一方面，

（a）更新前（商铺）

（b）更新后（商铺）

图 4　BOM 嘻番里更新前、后商铺图

为以 Z 世代为主的人群提供了符合其兴趣特点的线下娱乐消费空间。

4. 运营创新

BOM 嘻番里以沉浸式解谜 + 次元文化为主要特征，通过沉浸式体验融合商户，打造沉浸式解谜、pvp 对战等方式，推出 BOM 有新番、嘻番国潮市集等品牌活动，吸引 Z 世代人群以兴趣为前提的聚焦，实现消费类社交场景的打造。形成 IP 化、特色化的商业类型 / 内容，通过商业组合，形成吃、喝、玩、乐、娱一体化的商业地标（图 5）。

与此同时，BOM 嘻番里将解决商业综合体在面对年轻化市场需求的问题核心，落在了为 Z 世代们解决社交需求上。

首先是商户的选择。商户的调性直接影响了商业生态的调性，BOM 嘻番里在商户的选择上区别于传统商业，抛开了传统商业普遍选择的连锁品牌，以次元潮流文化为主要特征，以新消费、"小众"品牌为主要业态，孵化引入包括潮玩手办、古着服饰、三坑、idol 周边、手作体验、卡牌游戏、猫咖等"垂直"类商户，其中不乏哔哩哔哩、迪士尼等授权商业，共同组成 BOM 嘻番里的 Z 世代消费聚集，满足年轻群体的"一站式"需求。

在内容运营上，BOM 嘻番里同样贯彻以"兴趣社交"为核心，以主题活动开展的方式，着重打造商户内容的补充，聚焦垂直领域受众，建立兴趣社群、兴趣部落等，成功打造"嘻番潮玩展""嘻番国潮市集""嘻番争霸赛""嘻番大玩家"等在内的丰富品牌活动。并与蚂蚁数科联合打造"元宇宙科技消费实验室"项目，搭建了以用户为核心的平台系统，丰富了消费者的购物休闲体验，也为未来元宇宙商业场景的多样化呈现和虚拟消费、数字消费的实现留出了重要切口。随着"元宇宙科技消费实验室"的落地，BOM 嘻番里原创 IP 数字藏品也正式亮相，为未来嘻番里线上商城虚拟商品 + 实物商品的同步实现提供了基础。

在打造 BOM 嘻番里特色沉浸式游戏内容的同时，嘻番里电竞平台也在同步建立。2023 年，嘻番里电竞

图 5　消费者进行沉浸式体验

平台全面启动，与电竞北京联合开展"电竞北京 2023 城市系列挑战赛"和"北京高校电竞超级联赛"，在赛事开展期间也推出了一系列"电竞 +"衍生活动，做好赛事保障的同时，带动嘻番里消费的提升。除此之外，嘻番里联合商户"指间电竞"共同开展相关主题赛事，如 CS、GO 全国高校联赛北京赛区赛事和针对女子电竞开展的"妹 jor"挑战赛等。并计划打造专门的"嘻番电竞直播间"，为日常赛事的解说和电竞观赛做好充足准备。

最后是体验。如果说商户和活动内容是购物中心模式的旧日余晖，那么 BOM 嘻番里所打造的商业综合体则是虚实结合的元宇宙入口。从年轻群体更为熟悉的游戏场景切入，BOM 嘻番里将线下场景打造为不同主题的"RPG 游戏"，为消费者提供背景设定和玩法机制，让商业综合体成为线上线下虚实交融的节点。整体来说，BOM 嘻番里将整个项目打造成为"游戏场"，同时加强体验与消费的联动，通过内容的不断更新与升级，带给消费者更长久的"新鲜感"，提升"复购率"。

随着模式的不断完善，嘻番里也将继续推进线上 + 线下的"沉浸感"打造，以首店形式进驻不同商业，带去新鲜血液。在与蚂蚁数科开展深度合作的情况下，嘻番里基于全国拓展的"多城玩家平台"基础已筑牢，并计划在全国不同新青年消费城市实现旗舰项目布局，延续嘻番里品牌特色，不断丰富"嘻番宇宙"的文化内涵。

● 更新效果

BOM 嘻番里项目自从 2021 年 12 月试运营以来，取得了超出预期的成绩，内测短短几天，便吸引了近 1 万人次到访。在只有 50% 商铺营业的情况下，90% 的顾客产生了二次消费，即使餐饮等基础配套尚在装修期，也有超过半数的顾客对商场体验表示满意。2022 年 3 月项目正式开业后，嘻番里每日到店顾客人数也屡创新高，最高超过 2 万人次 / 日。本项目被新京报、北京电视台、北京海淀、新零售商业评论、赢商网等报道 / 转载；"嘻番里"词条的小红书笔记 5w+，大众点评收藏量 2.4w，五道口商场好评榜排名第一位，整体曝光量超过一亿。

目前，BOM 嘻番里项目已经获得 2022 北京网红打卡推荐地、2022 中国城市更新优秀案例 – 协同创新实践奖、2022 国民消费地标创新案例、TimeOut 北京 2022 新生活大赏 – 年度创新商业地标（专业之选）、TimeOut2022 北京 100 新消费榜 – 商业综合体、2022 年度中国城市更新和既有建筑改造典型案例、2023 中国城市更新商业运营十大优秀案例、2023 元宇宙消费创新与体验大会"十大元宇宙新消费案例"奖等荣誉。通过项目改造更新，助力海淀区数娱产业发展，打造新青年潮流文化集聚地，建设新文化商业平台。

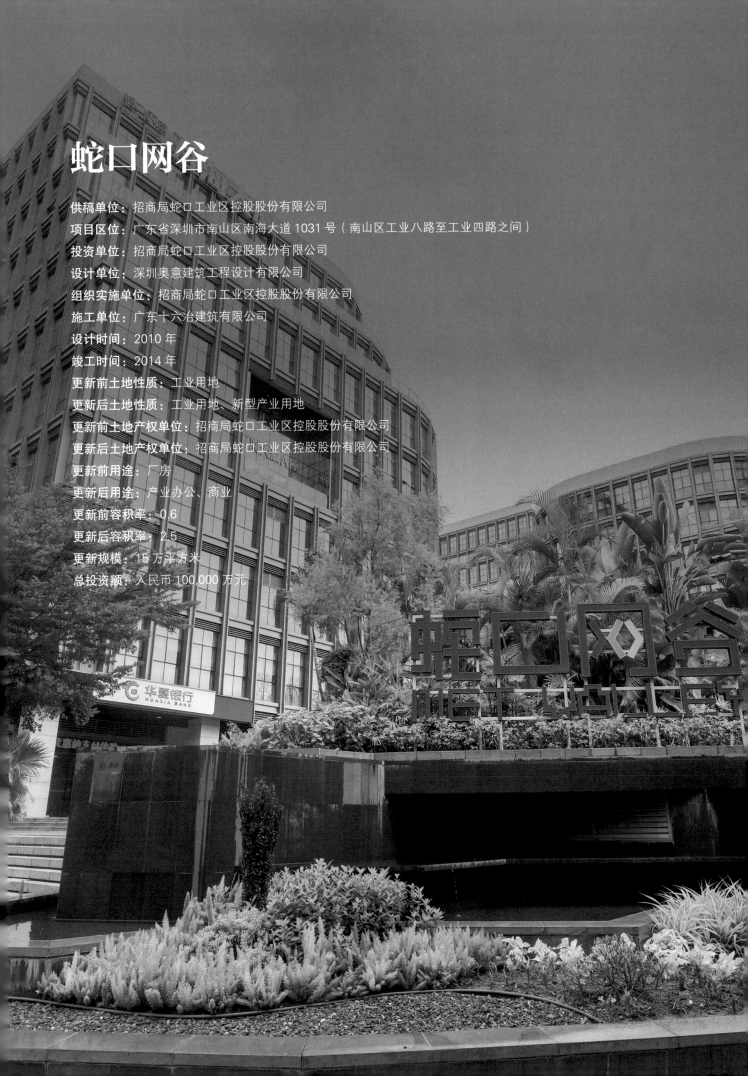

蛇口网谷

供稿单位：招商局蛇口工业区控股股份有限公司

项目区位：广东省深圳市南山区南海大道 1031 号（南山区工业八路至工业四路之间）

投资单位：招商局蛇口工业区控股股份有限公司

设计单位：深圳奥意建筑工程设计有限公司

组织实施单位：招商局蛇口工业区控股股份有限公司

施工单位：广东十六冶建筑有限公司

设计时间：2010 年

竣工时间：2014 年

更新前土地性质：工业用地

更新后土地性质：工业用地、新型产业用地

更新前土地产权单位：招商局蛇口工业区控股股份有限公司

更新后土地产权单位：招商局蛇口工业区控股股份有限公司

更新前用途：厂房

更新后用途：产业办公、商业

更新前容积率：0.6

更新后容积率：2.5

更新规模：15 万平方米

总投资额：人民币 100,000 万元

● 更新缘起

蛇口网谷更新前项目以工业用地为主。工业五路以北以传统制造工业为主，层次较低；工业五路以南为华益铝厂地块以及宝耀地块，为铝及纸品制造业。项目工业增加值低，同时建筑老旧、配套落后，存在一定安全及污染隐患。2010 年，招商局蛇口工业区控股股份有限公司（以下简称招商蛇口）顺应广东省和深圳产业转型升级大势，与南山区委区政府签约合作，正式推出蛇口网谷项目，旨在通过产业空间的更新改造、战略性新兴产业的引入和培育来推动蛇口片区产业升级，是广东省"产业升级突破点工程"中深圳市唯一被纳入的旧改项目，并列入深圳市"十二五"发展规划，纳入"特区三十周年五个领域 60 大项目"之一。

项目将升级改造为"蛇口网谷"互联网基地，定位为互联网、电子商务基础及应用、物联网技术及应用示范三大核心主体园区及公共技术平台。

● 更新亮点

1. 设计创新

在整体的规划中，南区所改造的宝耀片区为项目重点内容，其新建研发型产业办公楼，主要用于高新科技产业企业的引进，未来将成为成熟的高新科技产业集聚区。而宝耀片区直观记述了蛇口工业区过去从无到有的变化，也是最早一批进行更新的工业区之一。

作为项目的改造重点，过程中自然也是难点颇多，最大的问题在于改造场地与工业五路及南海大道之间存在较大的高差。但项目合理利用高差，反而创造出富有特色的城市空间和建筑形式，化腐朽为神奇。

九栋建筑以流动的几何体形态展现，突显现代商务办公概念。其中万融大厦以三栋三角形塔楼平行布置，打破了旧厂房方正排布的刻板，同时在入口处通过建筑的退让，形成自然整体的开放空间，强化了园区的入口形象。建筑的退让打通了视线通廊，与沿南海大道密集的工业旧厂房形成鲜明对比，也为拥挤的城市营造出缓冲空间，以新兴产业的建筑形态植入原有工业肌理，新旧建筑形态在此得以相融共存（图 1）。

通过工业五路延伸的平台将九栋塔楼串联在一起，解决了高差难题，连续的带状开放空间加强建筑的联系，又形成路面、园区街面、空中平台、屋顶花园等丰富空间，平台之下为园区创造配套服务和园林景观提供了更多可能性。塔楼间围合出形态各异的内部庭院，提升了企业的办公环境，创造了宜人的交流空间，

图 1　蛇口网谷

塔楼外部的各个方向均设置了观景阳台，为人们创造了更多公共休闲的空间，为山海对话设置了空间场景（图2）。

在景观打造上，园区更是延续了生态理念，打造了低密度、高绿化率的园林式工作环境。在面向南海大道一侧，园区巧妙运用热带植物进行空间划分，形成天然的"绿色屏风"减少道路嘈杂对园区的影响；曲折蜿蜒的小路形成廊道，结合主题雕塑和景观小品，既可作为向外展示的窗口，又形成一道有趣的步行路线（图3）。园区中心景观部分，则通过建筑的延伸及围合打造出交流驻足的场所和景观节点。如下沉式的静态水景，围绕水景周边设置户外座椅吧台，提供休闲和公共餐饮空间；对于高差形成的垂直空间，园区设计了流动的水景和标识性的雕塑墙面，结合园区的发展印记，通过灯光、延续的肌理质感形成独特的立面景观。

2. 技术创新

设计从整体环境考虑出发，融入智慧科技创新和生态设计理念，将蛇口网谷打造成为高新科技聚集的创新创业智慧办公场所。运用现代科技手段，以简约的线条为设计元素，从景观角度重新唤活蛇口网谷以及周边空间环境。施工中运用耐候钢板、不锈钢、穿孔板等材料来实现。

3. 模式创新

招商蛇口顺应广东省和深圳产业转型升级大势，提前布局与规划推进蛇口网谷项目落地。在施工方面，项目整体划分为南、北、中三个区域，分三期进行施工，在一期施工完成后立即开启开园招商，氛围预热后再逐步开启二、三期工程，做到了施工开园两不误（图4）。

图2 蛇口网谷更新前

图3 蛇口网谷更新后

图 4　更新前

4. 运营创新

通过 10 余年的建设和运营，蛇口网谷已形成新一代信息技术、物联网、电子商务和文化创意四大产业集聚，在园企业 420 家，引进了苹果、IBM、飞利浦、雀巢、史泰博等 5 家世界 500 强企业；培育了广和通、芯海科技 2 家上市公司，联新、讯方、隆博、沃特沃德、国赛生物、敢为等 17 家新三板挂牌和行业龙头企业（图 5）。

截至 2021 年，园区总产值约 400 亿元，年纳税约 10 亿元，吸纳就业人数约 3 万人，产业聚集度约 70%，实现了空间形态升级、创新能力升级、人才层次升级、产业结构升级。

园区目前形成了线上 INpark 平台、线下政企服务大厅的运营服务体系，提供包含政策服务、金融服务、工商财税法等 200 余项服务内容。同时，园区联动招商邮轮、招商健康、招商伊敦等内部资源，为园区客户提供邮轮出行、医疗体检、公寓住宿、酒店商务等系列专属服务（图 6、图 7）。

金融服务方面，以招商蛇口扬帆致远基金为基础，聚集了招商银行、招商证券、招商创投等集团内投融资机构，同时与市场主流投融资机构都保持密切联系，为园区优质客户提供丰富完善的投融资服务。

图 5　更新后

图 6　更新前

图 7　更新后

● 更新效果

城市建成环境方面，新建成的办公楼简洁、时尚，极具科技感，彻底改变了原有工业区残旧面貌，完善了道路、绿化等配套、公共设施。宝耀片区产业定位为互联网、电子商务基础及应用、物联网技术及应用示范三大核心主体园区及公共技术平台。项目经中华人民共和国商务部审核研究授予"蛇口网谷国家电子商务示范基地"称号。蛇口网谷建筑设计荣获 2014年中国建筑学会颁发的"中国建筑学会优秀工业建筑设计奖"一等奖；景观设计荣获中国建筑学会颁发的"2014 年全国人居经典环境金奖"；项目达到"国家绿色建筑设计评价标识二星级"及"深圳市绿色建筑设计评价标识银级"。

经济发展方面，旧改之后蛇口网谷物业以研发办公楼为主，物业租金大幅提高。网谷已经云集了国内外互联网、电子商务及高科技知名企业 400 多家，包括苹果、IBM、飞利浦、天祥检测、科脉技术、联合同创等公司。

社会效益方面，宝耀片区改造作为蛇口产业升级、腾笼换鸟的示范项目，将为深圳市完善产业结构、创造就业机会、增加财政税收、活跃带动区域经济的发展发挥积极作用。项目在推进产业升级的同时鼓励大众创业，为其提供了更广阔的创业空间以及更多的就业岗位。项目建设通过构建绿色、低密度、低碳、和谐的产业片区，对于片区空间环境的改善、城市形象的提升、高端产业的发展以及人才结构的优化，具有重要的意义。

重庆招商九龙意库文化创意产业园

供稿单位：重庆招商意库商业管理有限公司

项目区位：重庆市九龙坡区

投资单位：重庆招商意库商业管理有限公司

设计单位：重庆招商意库商业管理有限公司

组织实施单位：重庆招商意库商业管理有限公司

施工单位：重庆先华建设（集团）有限公司

设计时间：2020 年 9 月

竣工时间：2021 年 10 月

更新前土地性质：商业、办公、仓储

更新后土地性质：商业、办公、仓储

更新前土地产权单位：重庆外运储运有限公司

更新后土地产权单位：重庆外运储运有限公司

更新前用途：商业、办公、仓储

更新后用途：商业、办公

更新前容积率：2.40

更新后容积率：2.40

更新规模：3.8 万平方米

总投资额：人民币 1.7 亿元

● 更新缘起

2019 年重庆外运储运有限公司（以下简称外运储运）仓库楼面临消防升级改造，参照东湖意库、庐州意库与招商蛇口的合作模式，在九龙坡区政府支持下，重庆招商蛇口联合重庆外运储运，整合集团内部资源，共同将原仓库及办公楼升级，打造成文化创意产业园。

2019 年 12 月 9 日与九龙坡区政府、中国外运长航集团有限公司（以下简称中国外运长航）签订三方合作框架协议；2020 年 10 月 9 日中国外运长航与招商蛇口签订《项目合作协议》。

九龙意库原址为外运储运仓库，项目改造前 A 栋主要经营生鲜超市、茶楼、酒水商店及酒店和仓库，B 栋商业以传统业态为主，有蛋糕店、药店、便利店、水果店、内衣零售店及宾馆等，C 栋主要为仓库，用于堆放货物。项目通过改造再利用原有厂房，在活化已有老建筑历史价值的基础上，结合项目所在区域的老城生活现状，重新激活老社区文化及老城区生活场景。

园区聚集并致力发展创意产业、文化艺术、时尚休闲等内容产业（图 1 ~ 图 6）。

九龙意库是招商蛇口在重庆打造的第二个文创园区，2019 年 12 月由重庆市九龙坡区政府重点引进，2022 年 9 月 26 日正式对外开园。作为招商蛇口第二个落子重庆的"意库"项目，从 2020 年 8 月起开启工程改造的同时，借助金山意库项目的先期园区改造及运营经验，结合项目所在区域的当前实际情况，以及对重庆市当前相关竞品项目的分析比对，运营团队利用品牌宣传及招商先行的方式，围绕项目以"文化艺术"介入"城市更新"的差异化定位，进行文化艺术氛围营造、社群文化活化、公共艺术场景营造，为项目初步奠定了重庆首个"新邻里中心"及重庆首个致力于城市微更新及社区营造的文创园区品牌基调。

九龙意库位于重庆市九龙坡区科园二路 38 号，区域道路路网发达，轨道交通便利，"三轻轨"汇集于项目周边，区位极佳。项目由九龙坡区和招商蛇口联合

图 1　九龙意库

图 2　改造前

图 3　改造后

图 4　改造前

图 5　改造后

图 6　改造后

打造，定位为以"文化艺术"介入"城市更新"，以创意产业和生活美学为主体，集开放、创新、共生、美好于一体的城市美好生活高地。作为九龙坡区重点打造的文创项目，将助力城市微更新可持续发展，推动创新创意产业聚集和九龙坡区区域新升级。

进入成熟期后，项目预计累计引进上下游企业突破 100 家，提供就业岗位 1000 个，实现年度产值超过 5 亿。未来，项目将通过打造的新邻里艺术中心和 ECOOL AERT 等实体平台，广泛联动政府及企业协会、创意机构等，举办国际性的主题交流活动，助力片区产业升级，实现区域文创影响力的外溢，成为重庆首个营造社区邻里服务和推动城市微更新可持续发展的市级文创示范园区（图 7～图 9）。

● 更新亮点

九龙意库项目区别于传统文创园区，九龙意库是一个具有独树一帜的创新共生、开放共享、生态共融的文化创意产业聚集区。项目注重运用场景化的艺术营造提升片区艺术文化氛围，项目定位以新邻里中心为核心，打造以创意产业和生活美学为主体的城市美好生活高地。项目打造以新邻里艺术中心为核心的公共空间，打破园区与社区的隔阂，不断激活社区新的文化消费及生活消费活力，形成开放、共生、美好的文化创意休闲环境。

1. 设计创新

建筑设计采用尊重原有老建筑的历史风貌，并结合现代创意设计手法，采用叠加的景观手法，用老砖

图 7　改造后

图 8　主题交流活动 1

图 9　主题交流活动 2

旧墙、金属桁架、老照片营造历史老场景，拉近历史与当下之间的距离，打造时光历史长廊，营造城市新邻里中心的多元体验。

2. 技术创新

项目在改造过程中，运用先进的建筑设计理念和创意改造手法，用声光电技术为老建筑的更新增添色彩。

3. 模式创新

项目首创重庆城市新邻里中心新模式（图 10）。

（1）设计创新。从景观设计、建筑设计方面，都结合当地历史和文化，打造邻里休闲平台和人文艺术生活平台。

（2）投资创新。以社区邻里产业为主，长租公寓为辅，形成新一代文创园区商业模式。

（3）场景营造创新。让文化艺术充分介入社区更新，以文化艺术氛围营造，助力片区审美升级和消费升级。

4. 运营创新

九龙意库在运营和推广上，通过文创生态的打造，建设特色化园区运营：

（1）加强政企联动，打造城市级 IP 活动；

（2）引入外事活动，推动国际文化交流；

（3）采用社区活动共创，探索城市邻里生活；

（4）利用公共空间打造，营造艺术化特色园区；

（5）联动行业协会活动，链接更多合作资源；

（6）发起艺术家驻留计划，提升园区艺术氛围。

● 更新效果

重庆，是中西部唯一直辖市，处于渝新欧铁路的始发站和"一带一路"的重要节点，2021 年，九龙坡区成为国家级的城市更新示范园区，是引领重庆城市更新及产业发展的龙头区。为进一步落实九龙坡区城市更新示范区的号召，推动老城区产业转型升级，以新兴产业为创新驱动抓手，九龙意库则成为坡区重点文创园区。项目通过文化艺术、时尚休闲、创意办公、长租公寓四大业态的合理构建，形成文化艺术产业、创意创新产业的聚集效应，发挥产业整合功能，填补项目区域周边业态空白（图 11）。

九龙意库根植于老社区中心，它是以城市微更新、社区营造为主要发展方向的文创园。城市微更新，是更新新场景、唤醒老街区、重构新生活，将城市新邻里中心的概念融入社区。更新后的九龙意库专注于邻里研究、人文主题、社区服务，致力城市微更新和人文创新产业聚集，整合多元化创意创新业

图 10　新邻里中心新模式

图 11　园区产业联动活动

态，专注于构建为公众提供寻求生活、文化交流的综合性体验平台。同时，九龙意库通过一系列园区产业联动活动、艺术驻留计划等，致力于为本土艺术家、设计师、创意人，提供最前沿的文创资源、思维导向、政府支持及企业孵化，共创文化艺术梦想，共生邻里生活生态，共同引领城市文化艺术产业的整体提升。

园区整体定位以"文化艺术"介入"城市更新"，以"创意产业"和"生活美学"为主体，打造一个集开放、创新、共生、美好一体的城市美好生活高地。项目的落地不仅将"文化艺术"融入大众生活，更是填补了社区服务和城市更新文创项目在九龙坡区乃至重庆市的空白。以"城市气质版权价值"为主题打造的"重庆市版权创意市集"IP活动，聚焦重庆版权产业力量，推动片区版权产业发展，将版权与文化艺术生活紧密相连，将版权的概念和价值融入日常生活，为大众创建起城市美好生活的多元体验平台。

九龙意库的建设，不仅打破了市民对传统文创园的观念，更首次将"新邻里中心"概念引入园区运营，注重社区文化共融，专注邻里生活研究，形成主题文化展示内容围绕公共艺术空间，品牌文化体验业态与休闲娱乐业态共同生长的邻里街区格局。九龙意库所打造的"新邻里艺术中心"更是九龙意库的公共平台核心，助力着城市与人共同生长的开放平台，连接着生活在这座城里的左邻右里。

自2021年开园以来，九龙意库借助丰富多元的文化艺术活动、全方位的城市新消费社群活动，与文艺氛围浓郁的首期入驻商家一起，有力地论证了项目"城市新邻里中心"的创新合理性，逐步夯实了项目作为重庆首个城市微更新及社区营造的园区品牌调性。2021年至今，九龙意库共接待包括重庆市委领导、九龙坡区领导班子在内的各级政府考察及交流近60次，举办各类文化艺术类活动近50场，跨界文创类品牌联动超70家，获得近百家主流媒体及自媒体的广泛关注。同时，项目与重庆各大艺术高校保持良好合作，与意大利驻重庆领事馆、日本驻重庆领事馆等各大外事机构建立了良好合作关系。

未来，通过项目打造的新邻里艺术中心和ART STORE实体平台，九龙意库还将持续参与国际性的文化艺术主题交流活动，实现区域文创影响力的外溢，围绕文化艺术介入城市更新的主题开展一系列主题活动，成为重庆首个营造社区邻里服务和推动城市微更新可持续发展的市级文创示范园区。

1. 经济效应

目前，九龙意库涵盖潮流艺术、潮流音乐、邻里教育、创意美学、摄影艺术等多个产业业态品牌。园区正在蝶变为文化创意集聚地，在焕发新的活力的同时，也成为推动九龙坡区城市微更新可持续发展的有力帮手。进入成熟期后，预计累计引进上下游企业突破100家，提供就业岗位1000个，实现年度产值超过5亿。未来，项目将通过打造的新邻里艺术中心和ECOOL AERT等实体平台，广泛联动政府及企业协会、创意机构等，举办国际性的主题交流活动，助力片区产业升级，实现区域文创影响力的外溢，成为重庆首个营造社区邻里服务，和推动城市微更新可持续发展的市级文创示范园区。

2. 社会效应

作为九龙坡区重点打造的文创项目，九龙意库依托新邻里中心的创新模式，聚集了重庆各类优秀的文化资源，成为推动创新创业的重要平台和孵化器。在文创产业惠及市民百姓方面，九龙意库也以文化艺术介入城市更新发展为前提，开展各类优秀展览、活动，以及邻里教育计划，提升了普罗大众的幸福指数，在促进相关产业结构调整和增进文创产业发展活力方面起到了一定积极作用。

3. 人文环境

项目建筑前身为外运储运仓库，建筑本身极具工业风格，其中仓库大楼为20世纪80年代仓库，具有一定的建筑历史价值。建筑改造理念紧扣"城市微更新"可持续发展和城市有机更新理念，在充分尊重原有历史建筑的基础上，结合现代设计手法，重新让老建筑焕发生命。保护利用好老旧厂房，充分挖掘其文化内涵和再生价值，兴办公共文化设施，发展文化创意产业，建设新型城市文化空间。九龙意库，不止于社区，为老城区美好生活提升而来，进一步完善项目所在区域的城市功能，提升区域的整体形象，为区域经济发展注入新动力。

北京越界锦荟园

项目名称：越界锦荟园

改造业主：锦和同昌（北京）商业管理有限公司

项目地点：北京市朝阳区小关北里 217 号

总建筑面积：3.3 万平方米

设计时间：2019—2021 年

建造时间：2022—2023 年

规划 / 建筑 / 室内 / 景观设计：原地建筑

主持建筑师：李冀

项目建筑师：王文迪、叶强

设计团队：李冀、王文迪、叶强、张浩、陈思聪、王静、肖迪

工程设计配合：中筑天和建筑设计有限公司

景观设计配合：阿拓拉斯（北京）规划设计有限公司

重点照明设计：清华大学建筑学院张昕工作室

施工单位：中城建第十三工程局有限公司

摄影：夏至（单独注明除外）

设计单位：原地建筑

项目地点：北京市朝阳区小关北里

建成时间：2023 年

总建筑面积：3.3 万平方米

"一切都已消逝。那无数尖端状如皇冠的高塔、迷雾中成排的群峰——或许是仅存的见证，诉说着敬畏与虔诚。"

——罗斯金《建筑的七盏明灯》

● 更新缘起

在环境治理日趋严格的大背景下，中国众多中心城市的燃煤工厂都无法避免走向衰落的宿命。兴建于20世纪80年代末的北京南小营供热厂，十年前就被关停，曾经火热的区域能量中心沦为与周围住区格格不入的荒凉之地。厂区一片破败，记忆已经模糊。

如今它面临一次新的机遇，将被改造成为一个融合办公、商业、文化、运动的开放城市街区——越界锦荟园。原地建筑希望借助这次

外部的介入，揭示场地被掩盖的内在特质，让废弃供热厂重拾个性、尊严与力量；在注入未来新活力的同时，构建回响流逝时光的凝视、连接与穿越，让过去与未来叠合相生，将熄灭之火重新引燃。

● 更新亮点

1. 开凿瞳孔

厂区锅炉房、煤库、引风机间等主要建筑，原用于容纳设备和燃料，空间高大、封闭、幽暗，如同沉睡中的无眼巨兽。基于原有砌体外墙的构造特性，400多个圆孔被精心开凿出来，以实现最大通透性和最小砌体安全扰动的平衡。阳光、空气涌入建筑内部，驱散黑暗，留下独特光影（图1~图5）。

瞳孔般的洞口重塑了每一处窗外风景的形状，引导室内面向外部

雄浑工业遗迹的时光凝视与对话。圆孔序列与原有的少量方窗相区别，赋予园区新的烙印。建筑师采用不同规格的大圆窗、小光孔和圆风口对应不同的功能，还定制了特殊的洞口构造和开启方式，保证通风排烟的通畅与充足（图6~图8）。

2. 释放图腾

相较于将历史精细美化的改造方式，设计团队更敬畏工业遗迹自身粗犷的灵魂特质。朝向园区主入口的方向上，锅炉房正背两侧的外墙被切开，阳光洗过悬空的巨大煤斗洒落中庭，视线贯通前后（图9）。

遮挡在建筑背后的4组共12座石砌除尘塔被从垃圾堆中一一清理出来、暴露于正对切口的庭院中心。静谧石塔阵列以极具识别性的粗野姿态矗立在空旷碎石之上，宛如神秘而震慑心魄的工业图腾（图10~图14）。

图1 改造前的锅炉房

图2 改造前的堆煤场

图3 改造前的煤库

图4 改造前的煤库内部

图5 改造前的锅炉房内部

图6 建筑入口近景

中国城市更新和既有建筑改造典型案例 2023

图 7 开凿圆窗施工现场 　　　　　　　　　　　　　　　　　　图 8 圆窗

图 9 园区总体分析 　　　　图 10 石塔与栈道 1 　　　　图 11 石塔与钢栈桥

图 12 石塔与栈道 2 　　　　图 13 运动中心施工现场 　　　　图 14 改造前的除尘塔

图 15 锅炉房室内办公空间 　　图 16 改造后的锅炉房 　　　　图 17 改造后的煤库南侧

　　锅炉房室内杂乱隔墙中的锅炉基座被去除涂层、加固清理，一排排斑驳粗粝的混凝土柱列裸陈于首层清空的大厅。塔林、柱列、煤斗、后花园的高耸烟囱隔空对峙呼应，用各自的沧桑记忆在园区主轴上打下一连串深沉的时间锚点，将遗忘已久的工业力量唤醒释放（图 15～图 17）。

3. 连接穿越

　　厂区原有两条倾斜的混凝土运煤传输道，设计团

060

队把它们作为展示空间保留，并提取为一种厂区特有的空间构型，在更新中加以强调、发展、演变。如同分离漂浮的碎片，多达15段不同时代性格的空间栈道被嵌入建筑内外。它们牵引时隐时现的游走路径，往返穿越于现代场景与废旧遗迹之间，编织重叠的时光感悟（图18～图22）。

整段重型耐候槽钢为结构的钢桥从塔林缝隙中穿过，与厚重石塔进行着力量与时间的抗衡；光滑而脆弱的玻璃栈道贯通高空煤斗内部（图23），映射出岁月的反差；金属网阶梯小径沿墙攀爬，在外墙留下纤细光

图18 石塔与钢栈桥

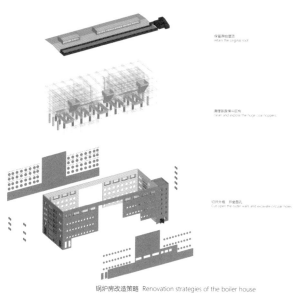

锅炉房改造策略 Renovation strategies of the boiler house

图19 锅炉房改造策略分析

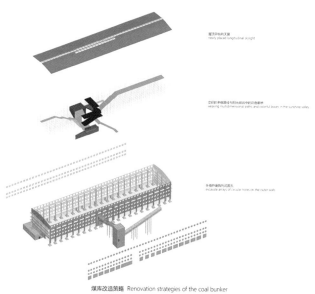

煤库改造策略 Renovation strategies of the coal bunker

图22 煤库改造策略分析

（a）　　　　　　　　　　（b）

图20 锅炉房首层大厅柱列　　图21 栈道

图23　锅炉房中庭煤斗与玻璃栈道

影……这些新植入的插件与旧有结构形成对话，创造近距离抚触各处工业遗迹的契机，在室内中庭、空中露台、地面花园、烟囱登高梯、运动中心之间建立起广泛连接与持续流动。

以从外部插入室内的运煤栈道为源头，建筑师拓展出嵌凿于煤库现代办公空间中的阳光峡谷。人们自由地漫步在四向蔓延的宽窄登山栈道系统中，仰望悬跨峡谷上空的钢构阶梯廊桥起伏交错，感受活跃的色彩、光线在峡谷中交互跳跃。各种随机的文化活动将在这片立体交织的舞台上展开，独立个体也会从这里找到放松探索的乐趣（图24、图25）。

● 更新效果

越界锦荟园采取有机更新、循序渐进的策略应对后疫情时代，空间改造分期实施、业态运营逐步养育磨合尚需伴随时间慢慢成熟。

园内地面景观以大面积碎石和混凝土块料步道作为工业遗迹的衬托，围绕它们形成尺度丰富的室外活动场所。建筑群则被覆以特制的暗红色粗纹质感涂层，随光线变化有时深沉、有时热烈，与夜晚点亮塔林的红光一起，调和出园区整体的温暖调性。这既是对过往燃煤时代火焰的隐喻，也蕴含了当下人们对希望之火重燃、对未来经济复苏的憧憬与热盼（图26～图32）。

"于是我沿着大地的阶梯攀登，穿过茫茫林海中蛮荒的荆棘，来到你——马丘比丘面前。"

——巴勃罗·聂鲁达《漫歌——马丘比丘之巅》

总设计师李冀表示北京越界锦荟园朝阳里作为曾经的供热厂，它有一些独特的工业符号。一方面虽然它的生产功能已经迁移走了，但是里面仍然有一些非常有特点的空间，还有一些带有那个时代印记的城市元素，这些不应随着时间而流失，因此希望让这些元素突出出来成为重要特点，成为城市留存的印记，另一方面它能为北京这座城市带来新的能量、新的人流、新的活力，而这些新的生活方式在一个恢宏的工业空间架构内重新燃放会非常有意义。

● 设计图纸

北京越界锦荟园定位于低密度园林化创新型办公园区，甲级办公园区品质，高雅园林办公园区气质。项目配套休闲餐饮空间，满足亚奥科技商圈人群就餐、生活及娱乐等

图24　煤库室内煤栈道

图25　煤栈道外立面图

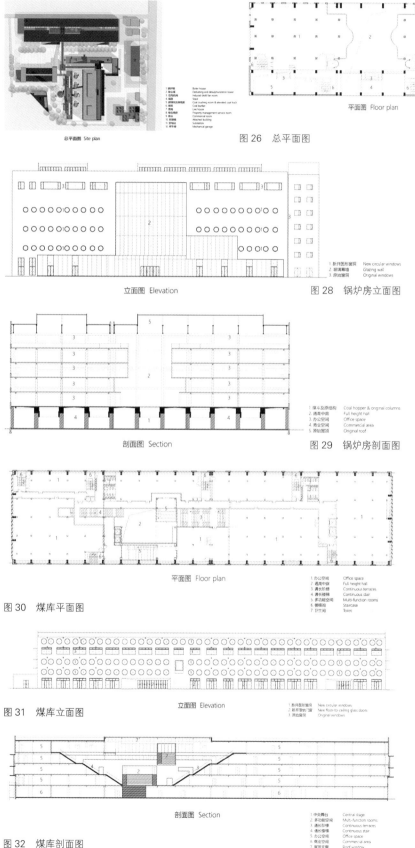

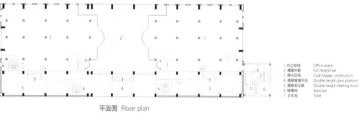

图 26　总平面图

图 27　锅炉房平面图

图 28　锅炉房立面图

图 29　锅炉房剖面图

图 30　煤库平面图

图 31　煤库立面图

图 32　煤库剖面图

需求。园区为入驻企业提供全方位特色服务配套支持，创办公、创服务、创生活、创社交四大综合服务模式相得益彰。完善便捷的商业休闲配套，为进驻企业提供崭新的商业体验及日常交互活动平台。未来，北京越界锦荟园必将成为创新办公与新鲜生活的时尚新地标，让人们感受科技、时尚与文化的碰撞，成为文创办公市场上的经营楷模。

目前已有多个文化、科技、联合办公等行业知名企业客户入住。商业部分有：京亿球篮羽中心、赛百味、糟粕醋火锅、萤火虫咖啡、CHIMNEY 小酒馆等国际餐饮及多方位生活服务品牌。

北京越界锦荟园荣获 2020 城市更新十大经营楷模奖，2022 "设计力量北京 100 新消费榜"最佳商业奖，2022 城市更新典型案例，2023 "中国城市更新商业运营十大优秀案例"等多个奖项。

The Oval 一奥天地

供稿单位：上海天同商业管理有限公司

项目团队：东原地产西南区域研发设计团队、东原致新

项目区位：重庆市两江新区金渝大道 87 号

组织实施单位：上海天同商业管理有限公司

投资单位：重庆市迪马实业股份有限公司

设计单位：置恩（上海）建筑设计咨询有限公司、深圳市杰恩创意设计股份有限公司、加特林（重庆）景观规划
设计有限公司、中煤科工重庆设计研究院（集团）有限公司等

施工单位：重庆泰之睿建筑工程有限公司

设计时间：2019 年 1 月—12 月

竣工时间：2020 年 12 月

更新前土地性质：商业 + 人防 + 公园

更新后土地性质：商业 + 人防 + 公园

更新前土地产权单位：两江新区管委会平台公司、东原地产

更新后土地产权单位：两江新区管委会平台公司、东原地产

更新前用途：社会停车场

更新后用途：商业

更新前容积率：因项目为全地下空间，无地上计容面积，容积率为 0

更新后容积率：改造前后建筑面积一致，容积率仍为 0

更新规模：79,199 平方米

总投资额：人民币约 20,000 万元

● 更新缘起

The Oval 一奥天地（以下简称一奥天地）项目前身建筑主体为三层全地下建筑，地面为市政广场，作为闲置已久的地下建筑，处于半荒废状态已14年。

项目外部三面被办公楼围绕，虽然存在一定人口基数但项目地处板块缺乏人气和商业活力；内部入口缺少引导、道路空间窄小、场地空间层次单一，视线阻挡过多；纵向地上地下难产生互动联系，缺乏串联（图1）。

诸多先天劣势，使建筑主体成为缺乏商业活力、无法满足当地群众的生活需求的低效资产。在此背景下，依托城市文化底蕴、以人为本进行了系列的盘活动作。

通过对老旧市政广场进行具有城市文化底蕴的建筑改造，在融入艺术元素的同时，关注当地居民的生活状态，用一系列城市生活体验空间活化及社群运营，提升区域生活品质。

● 更新亮点

1. 设计创新

作为城市重点旧改项目，在相当短的时间内，在地理位置及建筑结构的先天条件下，逆转了此前缺乏层次感的劣势，几个下沉广场的联动效果使其突出重围，成为重庆商业不可忽略的一抹色彩。

建筑外观上，结合中央下沉广场的边缘，以"山城"重庆起伏的山脉为灵感，打造出"向下"探索的山谷式造型，设置了一个简洁且富有层次韵律的"指环"构架。"指环"面向南侧的公园和轻轨，成为整个项目的形象面。

商业设计上，对老旧市政广场进行了具有城市文化底蕴的建筑设计，并深度融入艺术与社群元素，用一系列城市生活体验空间，提升了区域生活品质（图2）。

更新手法上，尽力化解旧改过程中面临的市政问题，尽快推进。例如，对地面广场内的600余棵树木进行了精准编号、标记，并翔实记录成册；同时，积极介入城管局管委会会议，化解隐患和与土储中心移交矛盾，化解园林所施工许可后的施工冲突。

2. 技术创新

燃气引入优化：因项目之前为市政广场及低效物业，没有完善配套，经过市场细致摸排和全面考察，准确找到切入点，成功实现了餐饮燃气供应的全面覆盖。

市政道路单循环改造精进：为确保商业开业后的流畅交通环境，秉承政府优化建议，将市政道路进行单向循环改造，并在道路引导标识中巧妙地融入"一奥天地"品牌

（a）　　　　　　　　　（b）　　　　　　　　　（c）

图1　改造前

（a）　　　　　　　　　（b）　　　　　　　　　（c）

图2　改造后

信息，显著提升项目的视觉识别度。

3. 模式创新

投资回报模式优化：采用自有资金对项目进行战略性改造投资，主要收益源自商铺租金和物业收益等多元化收入流。在经营过程中，紧密关注市场消费环境和消费者习惯变化，持续进行业态调整和创新内容的引入，以提升经营效率。此举不仅有助于协助商户品牌吸引更多客流并实现转化，同时也能够稳步提升商场租金水平。通过积极推动这一策略，不仅能够实现投资回收，同时还能够逐步提升资产价值。

提升物业价值：改变物业用途，提升物业管理效率。更新前，一奥天地作为市政广场及社会停车场，收入来源仅为停车场收益，价值低下。更新后，作为商业空间，收入结构更新为租金、停车场、多级收入、广告等。更多元的收入结构不仅提升了收益，也以内容和场景使资产价值大幅提升。

充分挖掘潜在资源：通过微小但精心的改造，将先前未被充分利用的地下车库空间转化为高价值的室内篮球场，以最大程度地发掘闲置的空间潜力。在与项目的商业定位高度契合的前提下，进一步丰富了项目的经营多样性，从而有效提升了经营效益。

4. 运营创新

一奥天地用沉浸式艺术唤醒商业空间，作为别具一格的艺术美学空间，为消费者带来独特的新鲜体验。在约 8 万平方米的商业空间里，一奥天地呈现了 20 多位国内知名艺术家的多种艺术作品，更是联合新锐前卫艺术家林万山呈现其首次跨界大秀。

一奥天地独有的商业特色离不开内部产品线与特色 IP 之间的联动和协同效应。依托原·美术馆的艺术资源和艺术家的鼎力支持，一奥天地能够从空间、场景及活动等层面与商户进行互动，让艺术审美能够不动声色地融入经营逻辑之中；同时还引入 OR 复合时尚空间全球首店，通过整合文化艺术资源，成为众多追求潮流的城市新青年的宝藏买手店；而室外的童梦童享儿童游乐空间已成为亲子多元成长空间，吸引周边家庭的高频到访及消费，形成了其差异化的核心竞争力。

2022 年，在空间焕新的基础上，一奥天地对当地人群做了更为深层的解构。社区营造和社群运营是激活场域的核心动能，不同于项目单方面组织内容活动，

有大众的参与才能真正提升项目本身长久的活力。当新一代消费者对于空间和生活方式的认知发生变化，一奥天地充分利用开放式空间带来的松弛感，围绕 LG 层环形空间打造 Oval Stage，用自然、美食、玩乐，还原充满年轻和变化的美好生活现场。

在 Oval Stage，品牌的更新带来的不只是更惬意的环境氛围和美食选择，更多的是由场景和品牌特性带来的社交氛围。餐酒博物馆 COMMUNE 一千余款世界精酿和周四女士之夜、重庆紫薇路顶流餐酒吧 TRUMAN 大面积观景露台和不定期音乐现场、充满社交感的 manner 和西班牙餐厅 La Poloma，创造的都是年轻人惬意的社交话题。

下沉式的户外商业空间，在传统商业中一直是引流难点。一奥天地基于对新青年生活方式的深入理解，将下沉式空间转化为热爱陆冲的年轻人不可多得的玩乐场地。平坦的地面、公区设置的陆冲泵道以及自带号召力的极限运动主理人品牌，这个传统意义上的劣势空间如今已是重庆年轻人陆冲的不二之选，由此进而生发出的陆冲社群，更是成为长期生发内容的力量（图 3）。

餐酒业态与运动的年轻人，已经形成了可从早到晚停留的正向循环。一奥天地在消费场景上有着更大的野心，尽最大可能，将 Oval Stage 中的空间复合化，以满足更多当地人群的生活想象。3000 平方米的 AOITER 家居馆集合了小剧场，"maybe in the house" 潮流买手集合店中有着极限运动小天地，常规的汉堡王也充分打通了室内外空间创造社交机会（图 4）。

（a）

图 3　项目改造后实景

（b）

（c）

图3 项目改造后实景（续）

场景更新的背后，是不对"网红""爆款"品牌组合盲从，是以空间和内容与地缘客群的对话。聚焦周边办公及居住人群，在服务城市的同时，更服务于城市中的居民。一奥天地通过打造音乐、宠物友好、运动等社群聚合人气，通过空间、社群、共创三大理念，围绕目标客群的生活状态，进行了宠物、音乐等庞大的社群营造及多元的社群活动，构建现代人与社区、人与人之间更为紧密和谐的新关系，在项目和客群的互动中产生源源不断的成长空间，赋能更加美好的城市共生社区。

（a）

（b）

（c）

（d）

图4 社群场景

（e）

（f）

（g）

图 4　社群场景（续）

● 更新效果

在 8 万平方米的商业空间里，一奥天地呈现了 20 多位国内知名艺术家的多种艺术作品，更是联合新锐前卫艺术家林万山呈现其首次跨界大秀，获得超 400 万的媒体曝光量，使一奥天地的开业成为城市级影响力事件。

项目将文化、办公、社群、生活等多种特色 IP 与商业空间、办公项目进行有机融合，引入时尚娱乐体验地 Cici Park、超乎想象的联合办公生态场景原空间、"楼下生活共创社"的原·聚场，目前都已在一奥系商业产品线和 SAC 东原中心写字楼产品线中实现落地。以空间为载体，以特色 IP 为其注入活力的同时，也成为连接人与人之间的纽带。

东原集团自有 IP 童梦童享占地面积约 2600 平方米，为周边社区居民带来了一个共同成长的社交童趣空间，也成为一奥天地的流量入口，培养了一批高黏性、高频次到访的用户，树立了商业与城市社区共荣的典型。

一奥天地进行的空间、场景、内容的多元提升，为其培养了极具活力和黏性的年轻客群。开放活力的场景、自带观点的主理人品牌与陆冲、宠物、音乐的年轻化社群，形成了人、货、场的相互共融。

一奥天地作为城市更新运营服务的单体案例，展现了从空间、内容、场景上将存量低效物业焕活的更新样本。建立的复合空间经营和创新内容孵化的差异化核心竞争力，介入单元更新、重构生活空间场景、植入新内容、链接新资源，致力于与各方共治、共创、共建，共同推动片区的在地再生和促活育活，促进社区生态的建立和区域可持续发展。

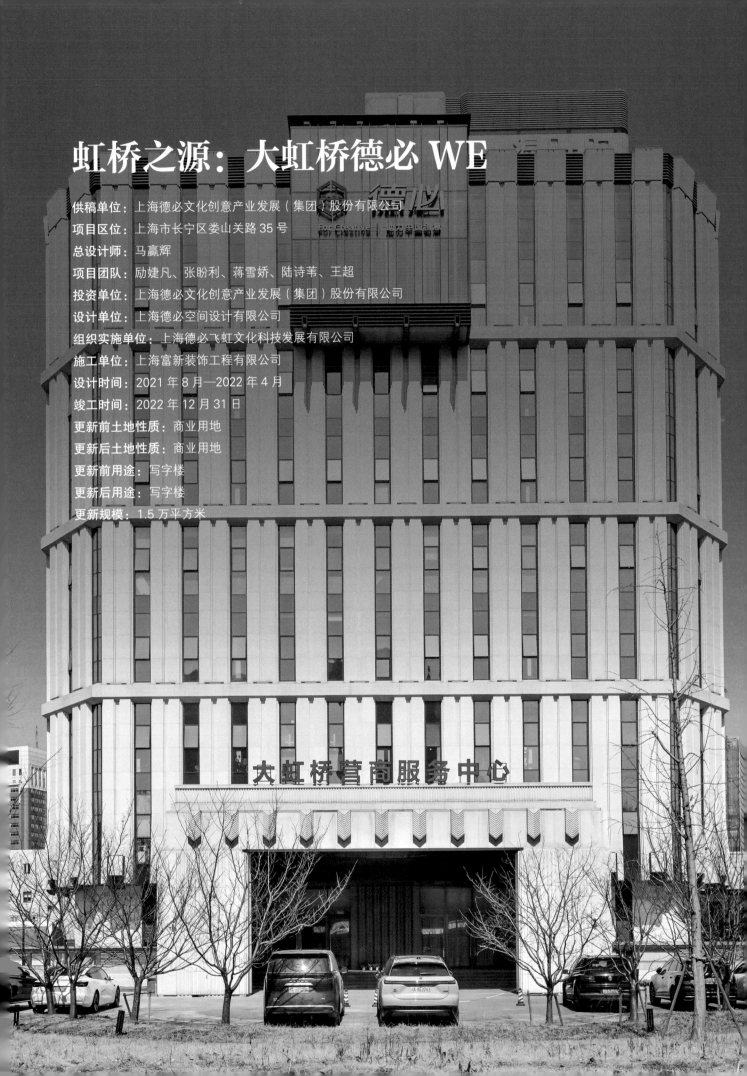

虹桥之源：大虹桥德必 WE

供稿单位：上海德必文化创意产业发展（集团）股份有限公司

项目区位：上海市长宁区娄山关路 35 号

总设计师：马赢辉

项目团队：励婕凡、张盼利、蒋雪娇、陆诗苇、王超

投资单位：上海德必文化创意产业发展（集团）股份有限公司

设计单位：上海德必空间设计有限公司

组织实施单位：上海德必飞虹文化科技发展有限公司

施工单位：上海富新装饰工程有限公司

设计时间：2021 年 8 月—2022 年 4 月

竣工时间：2022 年 12 月 31 日

更新前土地性质：商业用地

更新后土地性质：商业用地

更新前用途：写字楼

更新后用途：写字楼

更新规模：1.5 万平方米

● 更新缘起

虹桥地区是上海改革开放的先行区，见证了上海40多年的发展与变迁。1978年，党的十一届三中全会做出了改革开放的伟大决策。如果说上海是全国改革开放的前沿，那虹桥开发区则是这片前沿阵地上的先行者。

1982年，上海市人民政府决定将虹桥新辟为上海对外的现代化新区；1986年，上海虹桥开发区经国务院批准，荣升为全国首批国家级开发区。32年来，这片仅0.65平方公里的"弹丸之地"，创造了不少"独家记忆"——全国唯一以发展服务业为主的开发区，全国唯一辟有领馆区的国家级开发区，上海最早形成的涉外商务综合功能区。

这些开创性的尝试，深刻影响着上海乃至全国改革开放的进程。而在面临资金短缺、土地紧张、基础设施落后等困难时，虹桥开发区不断探索创新，率先引入外资、实行土地批租、建设现代化设施。在软环境建设方面，为外商投资营造良好环境，开发区在领馆云集的新虹桥大厦专门辟出场所，引入海关、商检、外税、银行等多家部门和机构，首次提出企业"一站式"服务模式，在全国范围内树立了标杆。

如今，长宁区政府依托虹桥发展长宁，以0.65平方公里经济技术开发区为核心，以对外贸易为特色，大力发展周边区域，形成了"虹桥国际贸易中心"。在"十三五"后期，"新老虹桥"联动优势进一步显现。以互联网＋生活性服务业、航空服务业、时尚创意产业以及人工智能、金融服务、生命健康为代表的长宁"3+3"重点产业快速发展，并在一站式服务上进一步深耕，让更多企业受益。

大虹桥德必WE国际数字时尚创新中心项目位于上海市长宁区娄山关路35号，总建筑面积约1.5万平方米。该项目是长宁区重要的经济楼宇之一，也是虹桥国际贸易中心的核心组成部分。为了适应新时代企业发展的需求，提升项目的功能和品质，打造具有国际影响力的全球招商中心，该项目于2022年开始进行全面改造（图1）。

（a）

（b）

（c）

图1 大虹桥德必WE国际数字时尚创新中心主图

本次项目改造以"虹桥之源"为灵感,"长宁速度"为理念,通过智能化系统的融入,实现功能升级和空间焕新。改造后的项目将集办公、商业、公共服务于一体,为企业提供一站式、国际化、数字化的服务模式,同时展现虹桥作为开放先锋的历史魂魄。

● 更新亮点

1. 建筑设计创新

办公室是如今都市白领们每天除了家之外待得最多的地方。如此长时间的停留,办公楼的存在不应只是一处空间载体,而应让白领们体验建筑、参与到建筑的活动中,形成相互促进的良性关系。以人为本是此次设计的核心。简而言之,就是更重视企业和白领的需求。大虹桥德必 WE 的升级改造,主要通过以下几点来体现开放特征和以人为本:

(1)重视企业需求,完善一站式服务

随着长宁区企业的不断发展,企业服务也有了不同的需求,原有的大虹桥营商服务中心也因此进行功能规划,在空间和服务上实现升级,增设国际服务区、数字服务区、线上服务区、商务会客厅等专区,提供一站式、国际化、数字化的服务模式。具体包括以下几个方面:

①国际营商服务区设置在东侧入口附近。区内设置接待台和智慧屏等,通过布局多种智慧化软硬件,打造真正的数字化智能楼宇,展现项目具备为外资企业提供一站式服务的能力(图 2)。

②数字服务区设置在南侧。区内设有大型显示幕墙,展示区内企业的发展历程、重要数据等(图 3)。

③线上服务区设置在西侧。区内设有超级终端、自助办税机等硬件设备,实现区内街道与企业的线上线下服务对接(图 4)。

(2)以人为本,重塑空间,提升利用率

对 M 层进行功能规划,打造成为项目的公共配套层。结合德必集团的五大场景和设计标准化,将原本的地下夹层空间转变成充满生命力的办公生活空间。具体包括以下几个方面:

①原 M 层内部交通不畅,环境闭塞。固有的空间排布阻断了人流,故取消原有的多处隔墙,改为开放式的书吧,重新打通内部动线(图 5)。

②原 M 层仅由一条内走道组织人流,空间狭窄,深邃幽暗,故去掉部分走道顶板,增加亮化、新风和上海及虹桥的老照片,将内走道改为开敞通透的"历史文化长廊",增加建筑的文化气息和采光通风(图 6)。

③考虑到不同性格的人在办公中的不同需求,外向的人完成简单工作时需要更多的外界刺激,内向的

图 2　接待台

图 3　数字服务区

图 4　线上服务区

图 5　开放式书吧

图 6　历史文化长廊

图 7　开放式交流区

图 8　独立办公空间

图 9　LG 层商业空间 1

图 10　LG 层商业空间 2

人完成复杂工作时，则需要安静的环境。因此，M 层在设计的时候动静分离，在常规的办公室之外，额外设置了小型的独立办公空间和宽敞的开放式交流区，便于不同性格的人群提供更多的可选择的办公环境，以进一步提升办公效率（图 7、图 8）。

（3）重视需求的差异化，打造光合空间

对 LG 层进行功能规划，打造成为项目的商业空间。该区域原本属于封闭的地下配套空间，采光有限，环境较为压抑，毫无生气。而有研究发现，能够接触自然光线和绿色植物的办公环境，工作效率会提升 6% 左右，因此项目通过以下措施，将其改造成一个充满活力和创意的商业市集（图 9、图 10）：

①打开地面花坛：将原本封闭的地面花坛打开，形成一个圆形的下沉式光合空间，将阳光引入空间。

②更换原有楼板：将原本的楼板换成透光的玻璃顶棚，增加采光效果，并增加视觉高度。

③增加旋转楼梯：在天井中央增加一个旋转楼梯，连接一层和 LG 层，方便客户直接从外广场进入 LG 层。

④增加中层花园平台：在长廊空间内增加一个中层花园平台，种植各种绿植和花卉，为地下空间增添生机。

⑤种植绿植：在原有的结构梁上种上绿植，并配以灯光效果，使结构梁体焕发出自然之力。

⑥悬挂树池：在玻璃顶棚上悬挂多个树池，并种植各种树木和藤蔓植物，打造一个地下悬浮森林。

⑦新建玻璃顶棚：在项目中新增加设计独特的玻璃顶棚，实现采光效果。玻璃顶棚由多个不规则的三角形组成，形成一个折线形的曲面结构。玻璃顶棚上还安装了 LED 灯带，可以根据不同时间和场合变换不同颜色和模式。

（4）传承历史记忆，展现历史之魂

本次改造在空间上还增加了一些虹桥历史印记，以展现虹桥作为改革开放先行区的历史魂魄。

①记忆之门：在项目东门入口处精心设置了一道"记忆之门"，入口处被镶嵌上了光滑如镜的玻璃砖。每一块玻璃砖内部都代表了一个虹桥的历史年份，例

图 11　记忆之门

图 12　室内"光"元素

图 13　雕塑 1

图 14　雕塑 2

如 1979 年虹桥的设立等，为我们娓娓道来虹桥的 40 年改革开放历程中的点点滴滴，仿佛一部生动的历史画卷展现在眼前（图 11）。

②主题元素：为了使室内外空间相互呼应，在室内精心布置了"光"元素，为整个项目增添了一抹独特的光彩。"长宁速度"堪称"光速"，因此在设计上，使用光的形式来表现长宁虹桥的过去和未来（图 12）。

③对话雕塑：在项目一层的大堂中心，矗立着一座令人瞩目的"对话"雕塑艺术装置。代表着虹桥的发展，通过与历史和未来展开深入的对话，共同见证着虹桥开发区的辉煌历史和璀璨未来（图 13、图 14）。

2. 运营创新

项目改造后，一楼的大虹桥营商服务中心成为长宁区内重大活动的首选场地，多项重大活动在这里举办。例如：

（1）2023 年 2 月，"大虹桥 – 中欧企业跨国交流合作平台"正式成立，标志着长宁与欧洲企业联动的进一步深化。该平台由长宁区商务委、长宁区新闻办、长宁区外事办、上海日报社联合发起，将提供全生命周期的企业服务，增进中欧企业交流互动，提升企业的投资体验，助力企业实现加速发展，实现合作共赢（图 15）。

活动现场还同步授牌了"大虹桥国际体验官"。博世（中国）投资有限公司、米其林（中国）投资有限公司、联合利华（中国）有限公司、英格卡购物中心（中国）管理有限公司、意大利船级社（中国）有限公司和挪威船级社（中国）有限公司 6 家欧洲企业代表获得"大虹桥国际体验官"授牌，他们将共同参与长宁具有世界影响力的国际精品城区建设，持续增强"虹桥友谊联盟"的能级与影响力（图 16）。

（2）2023 年 6 月，在大虹桥德必 WE 国际数字时尚创新中心举办了首届"创意双城汇 – 中意活动月暨大虹桥德必 WE 国际数字时尚创新中心开园"活动（图 17）。该活动由长宁区商务委员会、长宁区人民政府外事办公室指导，德必集团主办，北新泾街道办事处、上海地产虹桥建设投资（集团）有限公司、东华大学机械工程学院支持。此次活动在进一步放大"大虹桥 – 中欧企业跨国交流合作平台"促进中欧企业合作功能的同时，助力企业在开拓海外市场的过程中构建"新渠道"。大虹桥德必 WE 国际数字时尚创新中心的开园，也将为上海市的数字时尚产业转型升级注入新的活力。该活动是长宁区积极承接进博会溢出效应，助力构建国内国际双循环创新发展格局的重要举措。国际知名漫画家伊戈尔（意大利）个人作品展也于活动当天同时开展。

● **更新效果**

　　大虹桥德必 WE 项目，以"虹桥之源"为灵感、"长宁速度"为理念，通过智能化系统的融入，实现功能升级和空间焕新，成为集办公、商业、公共服务于一体，富有国际化特色的招商中心。该项目的改造不仅提升了项目的品质和价值，也展现了虹桥作为改革开放先行区的历史魂魄。该项目的成功改造为其他类似项目提供了借鉴和参考，也为长宁区的经济发展和城市更新注入了新的活力。

图 15　跨国交流合作平台成立

图 16　授牌仪式

图 17　开园活动启动会

中国城市更新和既有建筑改造典型案例 2023

老旧小区改造

五芳园、六合园南、七星园南老旧小区综合整治项目

洛阳市洛龙区地勘三号院老旧小区改造项目

礼贤未来社区

江岸区四个老旧社区智慧化改造建设项目

泮塘五约微改造项目

五芳园、六合园南、七星园南老旧小区综合整治项目

供稿单位： 愿景明德（北京）控股集团有限公司

项目区位： 北京市石景山区

投资单位： 北京市石景山区人民政府鲁谷街道办事处、中央国家机关公务员住宅建设服务中心、北京愿景华城复兴建设有限公司

设计单位： 九源（北京）国际建筑顾问有限公司、筑福（北京）城市更新建设集团有限公司

组织实施单位： 北京市石景山区人民政府鲁谷街道办事处

施工单位： 北京城建五建设集团有限公司

竣工时间： 2022 年 8 月

更新规模： 26.7 万平方米

总投资额： 人民币财政资金约 2.2 亿元、国管局资金约 1300 万元、社会资本投资约 2300 万元

● 更新缘起

项目建成于 1994 年左右，属于典型的老旧小区，存在房屋产权复杂、设备设施老旧、生活环境品质不高等现实困境。2019 年底鲁谷街道作为实施主体正式接手老旧小区综合整治工作，在市、区住建委等有关部门的悉心指导下，按照"七有"要求和"五性"需求，将硬件改造与软性服务有机结合。通过物业服务、便民业态服务及社区公益活动组织，扩展老旧小区综合整治工作内涵，探索建立"物业先行、整治跟进，政府支持、企业助力，群众参与、共治共享，资本运营、反哺物业"的老旧小区综合整治"鲁谷模式"。补齐民生短板，提升城市治理水平，推动老旧小区综合整治工作真正实现建管一体。

图 1 中心广场规划效果图

● 更新亮点

1. 设计创新

在五芳园与六合园两小院中心广场，新建集屋顶花园、便民服务空间、智能充电自行车存放空间以及立体停车功能于一体的综合体，探索针对社区内资源紧张、配套空间局促类型小区的可持续更新运营模式。是北京市首例落实北京市规划和国土资源委员会《关于加快推进老旧小区综合整治规划建设试点工作的指导意见》（市规划国土发〔2018〕34 号）精神，新建社区停车设施及便民服务配套空间的案例。

停车设施因在小区内，设计中增加了车辆防护网，识别车牌后自动升降，防范儿童误入。

项目设计中在总投资额限度内，为了最大程度地增加车位同时保护居民活动空间，下挖了一层车库，并在屋顶进行了平均 1.5 的覆土层用于植被成活（图 1、图 2）。

2. 模式创新

在全国首次实施老旧小区综合整治项目"投资+设计+改造+运营服务"一体化招标投标。鲁谷街道作为实施主体统筹组织，对投资

（a）改造前

（b）改造后

图 2 中心广场改造前、后

主体进行公开招标，并将企业自有资金投入项目与政府补贴项目整体打包实施，统筹前期改造设计与后续运营工作，从而真正做到"建管一体"，探索明晰社会资本参与老旧小区改造的合规路径与清晰责任。

资金机制创新，多元渠道筹集资金，建立社会资本可持续运营的资金平衡模式。鲁谷项目改造资金除了市区两级专项财政资金的投入外，更通过产权单位出资、专业单位投入、社会资本投资等多单位共同参与，创新探索了老旧小区多元渠道筹资的模式。另外，贯彻"谁收益、谁付费"原则，通过物业管理、便民业态等服务持续培育居民使用者付费习惯，除了保证社会资本的投资回收路径，更为老旧小区可持续发展创造开拓实践路径。

3. 运营创新

一方面通过统筹小区内停车收益、小区内配套空间运营权（鲁谷项目原有配套面积1446平方米，其中包含临时车棚及门岗保安亭等配套设施，本次改造结合周边业态分布及居民需求，改造提升社区配套空间599平方米。改造后，立体停车综合体一共新增1608.71平方米，其中包含便民配套运营274平方米）、片区内广告收益、社区运营增值服务收益和一定的施工利润，确保社会资本微利可持续；另一方面在招标时就明确了中标单位需要每年向物业进行反哺，与政府适当的奖励资金相结合，调动物业积极性，融洽物

业与居民之间的关系，提升物业缴费率，形成物业可持续发展的良性循环（图3）。

● 更新效果

鲁谷试点项目始终坚持党建引领，坚持以人民为中心，将老旧小区改造作为社区治理有机提升的突破口和支撑点，以社区党委领导下的物业管理会为纽带，逐步形成了社区党委、社区居委会、社区物业、社区居民、社会单位组成的"五社联动"，共建共治共享格局，实现了工程改造、物业管理、社区治理一盘棋，改造的同时也打造了民生综合体。物业管理会选聘的物业公司全过程参与改造，全周期服务管理，按照"七有"要求和"五性"需求，统筹将新建停车综合体及便民服务配套空间硬件改造升级与物业服务、便民业态服务及社区公益活动组织软性服务有机结合，推进智慧社区建设，不断提升居民生活品质，提升群众的安全感、获得感、幸福感。

长效运营保障成果持续为民所用。规划设计初期考虑后续运营的实际需求与管理难度，后续通过基础物业服务提供、智慧社区打造、便民业态引入、公益活动组织，满足居民多元生活需求并实现长效运维机制的建立，让老旧小区不仅"好看"，而且"好住"。改造前后对比如图4～图19所示。

（a）单元门口门禁和单元标识牌改造前

（b）单元门口门禁和单元标识牌改造后

图3 单元门口门禁和单元标识牌改造前、后

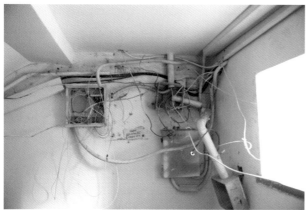

图 4　楼道内飞线改造前

图 5　楼道内飞线改造后

图 6　楼体保温加装前

图 7　楼体保温加装后

图 8　绿化景观提升前

图 9　绿化景观提升后

图 10　弱电线入地改造前　　　　　　　　　　　　　　图 11　弱电线入地改造后

图 12　上下水管线改造前（左）
图 13　上下水管线改造后（右）

图 14　外立面更新前　　　　　　　　　　　　　　　　图 15　外立面更新后

图 16　屋面防水改造前

图 17　屋面防水改造后

图 18　宅间铺装更新前

图 19　宅间铺装更新后

洛阳市洛龙区地勘三号院老旧小区改造项目

供稿单位： 洛阳市洛龙区住房和城乡建设局

项目区位： 洛阳市洛龙区龙门大道 569 号

总策划： 冯利强

项目团队： 以马宇轩、陈黎凤、李国哲、程志恒为代表的技术服务及设计团队

投资单位： 洛阳市洛龙区住房和城乡建设局

技术支撑单位： 中国建筑科学研究院有限公司

设计单位： 广州博厦建筑设计研究院有限公司、广州黄埔建筑设计院有限公司

组织实施单位： 洛阳市洛龙区住房和城乡建设局

施工单位： 银兴建设工程集团（河南）有限公司、河南华特建筑工程有限公司

设计时间： 2020 年 9 月

竣工时间： 2021 年 9 月

更新前土地性质： 建设用地

更新后土地性质： 建设用地

更新前土地产权单位： 河南省地矿局第三地质勘查院

更新后土地产权单位： 河南省地矿局第三地质勘查院

更新前用途： 居住＋办公＋商业

更新后用途： 居住＋办公＋商业＋养老＋抚幼＋医疗＋文化＋体育＋建筑光伏

更新前容积率： 1.36

更新后容积率： 1.36

更新规模： 更新涉及 21 栋楼（其中 18 栋住宅楼，1 栋医技综合楼，1 栋办公综合楼，1 栋废弃仓库（原大礼堂）），1104 户居民，建筑面积 87,271.15 平方米）

总投资额： 人民币约 4800 万元

图1 地勘三号院

● 更新缘起

地勘三号院小区建成于20世纪70年代，经过几十年风雨的洗礼，加之管理乏力，年久失修，小区房屋及基础设施早已破败不堪，配套公共服务设施严重缺失。具体表现为：建筑外墙风化破损，屋面防水老化开裂，部分建筑废弃闲置，水泥路面坑洼不平，院内停车杂乱无章，绿化带内杂草丛生，黄土裸露，地下管网雨污混流，堵塞严重，每逢雨季，污水翻涌，同时随着周边业态的发展、商住小区的形成，地勘三号院形态老旧、治理滞后、发展乏力等问题日益突出，小区居民改造意愿极为强烈。

为落实国家老旧小区改造工作的推进部署，解决居民"急难愁盼"的民生问题，洛龙区住房和城乡建设局经实地摸排调研，将其列入老旧小区改造提质项目库，并作为洛龙区重点民生实事工作的一部分，通过申请各类上级资金、区级配套资金，予以改造（图1～图4）。

图2 小区大门改造前

图3 大礼堂改造前

图4 乐养居及室外活动场地改造前

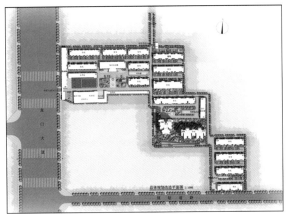

图 5　设计规划图

图 6　建筑效果图

通过征求居民改造意愿，结合洛阳市整体规划、小区及周边实际，历经多次设计方案修改，形成了该项目的最终设计方案。根据项目设计方案，拟通过建筑改造实现该小区"隋唐风 + 工业风"的建筑风格愿景。通过结合周边及公共配套设施打造出小区医疗中心、体育公园（室外 + 室内）、城市书屋（阅览室）、院史馆、乐养居、托幼班、社区商业小街等，结合小区物业实现医疗、体育、文化、养老、抚幼、商超、物业等"七进社区"的公共配套服务愿景，最终实现小区及周边的共建、共治、共享，惠及小区及周边片区居民，极大地提升了居民的获得感、幸福感和安全感。改造完成后地勘三号院小区从 20 世纪 70 年代的破败不堪蝶变为集特色建筑风格、完整配套设施、长效运营管理于一体的现代化完整社区（图 5、图 6）。

● 更新亮点

1. 设计创新

（1）规划亮点："组团连片、集散为整"

根据国家、省关于老旧小区改造的相关政策，以及洛阳市人民政府办公室关于印发《洛阳市城镇老旧小区组团连片改造提质工作实施方案》的通知（洛政办〔2021〕5 号），洛龙区人民政府办公室关于印发《洛龙区老旧小区改造（2019—2021 年）实施方案》的通知（洛龙政办〔2019〕24 号）的相关要求，洛龙区积极响应国家政策，秉承"以点连线形成面、条块组合成片区"的工作思路，量身定制并成功打造出

包括地勘三号院在内的，基础设施完善、配套服务设施齐全、富有文化内涵的集医疗、商业、文化、旅游、购物、民俗为一体的关林精品片区。

（2）建筑改造亮点

结合洛阳市整体规划、小区及周边建筑风格，深入挖掘地勘文化，将隋唐建筑风格与地勘地矿文化风格结合，通过建筑设计手法的巧妙运用，打造出居住建筑隋唐风、景观节点工业风的整体建筑风格，层次丰富且无违和感和突兀感。

（3）对现有建筑的更好利用

秉持着"巧改废弃建筑，盘活闲置资产"的工作原则，将原有的废弃仓库通过"厂矿风"建筑手法实施改造，打造出社区城市书屋、院史馆和室内运动馆，极大地填补了小区及周边的文化、运动、历史元素缺失；将原有的闲置平房，通过"工业风"建筑手法实施改造，打造出社区商业小街；社区商业小街集商品售卖、休闲娱乐、生活服务为一体，融入社区短缺的快递收发（菜鸟驿站）、裁剪制衣、美容理发、日常生活用品售卖等配套设施及服务，填补了小区及周边公共配套设施及服务缺乏的空白。

2. 技术创新

（1）建立线上意见征集渠道，通过线上线下结合的方式全方位征求居民改造意愿

通过设立小区改造意见征集微信公众号、改造意见征集微信群等方式，建立线上意见征集渠道。结合线下渠道搭建线上与线下诉求平台，通过网格长、网格员、驻区单位、居民代表"四位一体"，广泛征求社

区居民意见共商共改，遵循着"居民说了算，尊重群众的意愿"的原则，多次召开方案论证会，发放征求意见表，累计收集各类意见 2200 余条。

（2）在老旧小区改造中使用装配式建筑施工工艺

通过建筑物构配件的工厂提前加工定制，运至现场后通过装配式工艺进行组装施工，既加快了工程进度，又减少了因现场施工造成的环境污染（包括空气污染、水污染、噪声污染、光污染等），最大程度降低了老旧小区改造工作对百姓生活的影响。

（3）在老旧小区改造中积极探索绿色社区创建，将建筑节能减排纳入老旧小区改造工作

紧密结合国家建筑节能与绿色建筑发展规划，《绿色社区创建行动方案》（建城〔2020〕68 号）等政策文件，通过推动工程师、设计师进社区，在建筑屋顶加装光伏（BAPV）、增设新能源充电桩，结合传统的建筑外墙及屋顶保温节能改造、综合治理社区道路、实施生活垃圾分类、海绵化改造和安防系统智能化建设等措施，力争在老旧小区改造中为国家建筑节能减排贡献力量，探索出一条属于老旧小区改造的绿色社区创建之路。

3. 模式创新

该项目由洛龙区住房和城乡建设局牵头实施，**综合保障**上采取"区委党建引领、政府统筹谋划、住建具体实施、各级单位联动、小区居民参与、社区共享共治"原则，统筹实施。**改造模式**上采取以施工为牵头的 EPC 工程总承包模式，有效加强了设计与施工的相互衔接，提高了改造效率。**技术保障**上通过引进第三方专业机构（中国建筑科学研究院），全程技术支撑，保障项目在技术、经济、实施上可行。通过"三保障"的引入既保障了民生工程党建引领，激发了群众的改造热情和参与度，又科学地保障了项目建设的可行性。

该项目在**融资模式**上积极探索社会资本注入。以地勘三号小区乐养居改造为例，积极探索社会资本注入模式，通过与项目产权单位及洛阳市专业养老运营企业对接，达成了政府部门主导室外改造，运营企业主导室内改造及设备实施购置的一致意向。**一是**降低了政府改造资金投入，**二是**盘活了产业单位的闲置资产，**三是**企业获得了运营收益，最终实现了"三赢"的局面，即"政府部门赢投资、产权单位赢补贴、运营企业赢收益"。从长远上看也保障了项目的长效运营，实现"一次改造、长效管理"的目标。

4. 运营创新

（1）通过提前谋划，运营前置，做到建设、管理、运营一体化无缝衔接

地勘三号院小区在项目改造前期，积极与区属资产管理运营公司及小区所属街道办事处和社区对接，摸排小区及周边居民的年龄结构、小区及周边配套设施短板。通过查漏补缺，结合居民日常生活需求，有针对性地对小区原有废弃建筑物进行功能植入，并将运营思路、运营项目等深度纳入改造设计方案。

（2）无缝衔接，引入运营服务企业

成功引进了区平台公司下属的物业服务公司——龙腾华夏商业运营管理有限公司，与社区共同创立"美好生活大物业服务中心"，通过低价有偿的原则打包兜底社区保障基本服务，巩固保持老旧小区连片改造成果。在微利运营的前提下，为了让大物业进驻更稳定更长久，项目从一开始就共同探索美好延伸合作方向，深挖社区资源，努力实现市场化多角度盈利。在市场化运营的同时，积极探索市场性与公益性相结合的运营新模式，在区委区政府的支持下，收益基准金采用"5：4：1"的分配方案，既保证了建设成本的偿还，补贴了大物业进驻的接续服务，也增强了社区自我造血功能，10% 的收益充分使用在社区各类活动的开展和志愿服务激励机制的探索推进，实现了社区发展治理的良性循环。

（3）盘活用足改造资产，推进社区专业化运营

改造后的乐养居内部设有多功能活动室、文化休闲、按摩室、康复中心等，均免费开放。此外，该"乐养居"还提供助餐、医疗等配套服务，对老年人收取成本价。

（4）错峰分时运营，既贴民心又合运意

通过对地勘三号小区人口结构、工作性质、兴趣爱好等进行深度摸排，对改造后的室内运动馆量身订做了错峰分时运营机制。晚高峰及周末时间除外，室内运动场馆对所有小区居民开放，每人每天只收一元钱；晚高峰及周末则实行与市场接轨的会员制，对消费群体收取低于市价的会员价。既贴民心，满足了所有消费群体的运动需求，又兼顾经营，保障了室内运动馆经营单位的收益，可谓一举两得。

● 更新效果

（1）补齐民生短板，破解民生难题，兜牢民生底线

通过七进社区的配套设施增添及配套服务引进，彻底解决了社区老有所养、幼有所育，青年有运动、中年有活动、出门有商超，让小区居民足不出户（小区）就能解决基本生活需求，便利生活的同时也极大提升了居民的幸福感、获得感和安全感。

（2）挖掘历史文脉，唤醒历史记忆

通过在小区改造院史馆，打造文化连廊，增设城市书屋等一系列文化输出，既能唤醒原住居民的历史回忆，又能传播源远流长的中华历史文化。

（3）盘活闲置空间，减轻低收入群体压力，增加居民收入

通过对原有闲置仓库的改造，成功打造出社区小商业街。社区小商业街优先对低收入、老技艺群体招租，既能为一些老技艺群体提供用武之地，又能增加低收入群体的收益，同时极大方便了小区及周边街区居民。

（4）"里子""面子"一手抓，内外双修提"颜值"

通过本次改造，建筑由破变新，管网由堵变通，道路由洼变平，停车由少变多，配套由无变有，资产由废变宝。小区整体达到了"三入、四通、四有、两整"，即电线、网线、线缆全部入地；水、电、气、暖管路畅通；有物业管理、有智慧安防系统、有健身娱乐设施、有新式垃圾分类实施；道路平整、路沿齐整。改造后的片区达到了"三合、三整、九有"标准，即线路网路多杆合一、多箱合一、多网合一；门店规整、道路平整、路沿齐整；15分钟生活圈内有便民服务中心、有"乐养居"、有医疗服务中心、有城市书屋（阅览室）、有公共厕所、有快递收发、有便民超市、有停车场地、有充电设施，极大程度便利了居民生活、改善了生活环境（图7~图9）。

图 7 入口改造后

图 8　乐养居及室外活动场地改造后

图 9　大礼堂改造后

礼贤未来社区

供稿单位： 衢州绿城城投未来社区置业有限公司

项目区位： 浙江省衢州市柯城区

总设计师： 张微、吴轩、陈霄

项目团队： 潘思远、顾磊佳、刘均利、周志湖、刘东霞、黄帮秀、凌源、王继永、何天松

投资单位： 浙江绿城房地产投资有限公司

设计单位： 浙江绿城建筑设计有限公司、浙江绿城未来数智科技有限公司

组织实施单位： 衢州绿城城投未来社区置业有限公司

施工单位： 浙江荣呈建设集团有限公司

设计时间： 2020 年

竣工时间： 2023 年

更新前土地性质： R2 二类居住用地

更新后土地性质： R2 二类居住用地

更新前用途： 居住建筑

更新后用途： 居住建筑、公共建筑

更新前容积率： 1.8

更新后容积率： 2.03

更新规模： 64 万平方米

总投资额： 人民币 53.35 亿元

社区设备老旧 社区随地停车 社区电线裸露 底层商业老旧 地面缺少绿化 锦绣幼儿园

社区缺少绿地 社区随地垃圾 社区墙面老旧 健身器材空置 凉亭无人问津 老人树下乘凉

图1 礼贤未来社区原房屋安全隐患

● 更新缘起

2019年，礼贤未来社区作为浙江省首批未来社区试点创建项目纳入规划改造。项目建设规划涉及原南滨一区三区、双港路140号以及43号和47号，共4个地块。原房屋均建于20世纪七八十年代，年久失修，存在漏水、墙体脱皮、基础设施破损严重、内置水电设施老化陈旧等诸多安全隐患（图1）。

因此，在衢州政府的指导下，以礼贤未来社区为试点的创新突破，以"一心三化九场景"为蓝图，依托"衢州有礼"城市品牌，推进高效率服务和高质量生活，打造浙江省第一个落地的浪漫花园社区标杆、场景系统集成的高效率服务社区标杆、礼贤文化为底板的高品质生活社区标杆，推动打造具备衢州新浪漫主义的未来人气网红社区。

围绕"活力新衢州，美丽大花园"，结合规划结构在地面车行系统之上营造一个大花园地景，形成一个与地面车行系统平行的慢行景观花园体系，真正实现人与自然、人与建筑和谐共生、共生共荣。

结合大花园地景，各社区组团采用低尺度、密路网、小街巷的组合方式，运用传统建筑"白墙黛瓦""前坊""望楼"等元素，形成具有人情味、地方性的建筑特征，结合市井味、烟火味的邻里生活场景，呈现出绿意连绵、屋舍俨然、阡陌交通、怡然自乐的世外桃源生活画卷（图2）。

图2 日景

● 更新亮点

1. 设计创新

实施方案以"大同盛世，崇德礼贤"为主要规划设计理念而展开。以"一核、双心、三轴、多片区"为规划结构，各地块与三大轴线有机连接，在"几"字形轴线上形成一方方"印章"，形成独特的衢州"印"象。并根据各地块自身特点，合理布置功能，注重从自然和人文山发，重视空间和场所性格的塑造，通过对东方文化、中华文化、江南特色、衢州韵味等特色元素的提炼，赋予场地新的性格和诗意空间，构筑高品质居住生活、庭院胜境（图3～图6）。

（1）一核：中央 TOD 综合服务公共核

集交通、公共服务、办公、文化、商业服务为一体的社区级综合服务核心。

（2）双心：教育副中心、健康副中心

教育副中心：依托小学、幼儿园、青少年宫等丰富资源，配套设置文化街区，营造社区文化教育氛围。

健康副中心：集中人民医院、康养公寓等多层次医疗健康资源，结合养老服务资源，构筑全龄健康生活空间。

（3）三片区：品质居住区、便民生活区、生态居住区

品质居住区：结合良好生态环境，打造品质住区。

便民生活区：依托教育资源与商业社区丰富的生活服务配套，营造便民生活区。

生态居住区：结合滨河景观与公园绿地，构建生态居住区。

此外，礼贤未来社区传承绿城多年经验沉淀，打造总建筑面积超 7 万平方米的商业区，由邻里中心及锦礼街商业街区，组成一街一 Mall 的多元业态空间。通过 miniTOD 公交总站便利了社区居民日常出行的同时，使其成为上下班的必经之路，将主城繁华与庞大客流锁定。整个商区在空间设计上，大胆提炼了"街"的精粹，附加商 Mall 的多元综合功能，将网红商业与衢州人文古迹融入建筑，形成更为强烈的地标感。

其中礼贤台，以文化礼仪轴、市民集市区、花园智慧岛为三大空间基调，设置丰富的景观体验，打造屋顶花园、空中花园、市集广场等网红打卡空间。外形上从衢州的古城墙、礼贤门、水亭门中汲取灵感，以现代化

图 3　幼儿园

图 4　日景中景

图 5　日景景观轴俯视

图 6　开放公共的城市界面

的设计手法进行演绎。其高颜值形象，将吸引消费者前来拍照、游玩，让这里成为区域内具有代表性的网红地标。由住宅底商组成的锦礼街商业街区，更是将未来"出门即商场，楼下即街区"的美好景象展现出来——一步繁华商业，吃喝玩乐，轻奢时尚，一切生活所需皆可随时补给。

2. 技术创新

（1）城市信息模型（CIM）

未来社区数字化建设管理子系统是为未来社区施工期管理量身打造的三维可视化智慧建设管理系统。产品以建筑信息模型（BIM）为载体，以业务管控为中心、以移动化应用为重心，结合 BIM、地理信息系统（GIS）、VR 等三维可视化技术，深度集成移动互联、物联网、大数据和云计算等前沿技术，根据统一的数据标准，实现底层基础与上层应用数据互联互通。产品围绕施工期间的管控需求，研发沟通管理、进度管理、安全管理、质量管理、成本管理、采购管理、文档管理、设计管理、模型管理、监控管理等 20 个应用子模块，并辅以移动端应用，帮助各工程项目现场形成一套基于数字化的全新管控架构和思想，实现对施工现场数字化、可视化、智慧化的高效管控，保障质量、安全、进度、成本等建设目标的顺利实现，提高未来社区建设全过程、全模块的流程化、标准化、集约化管控水平。

数字化建设管理子系统为业主、总承包单位、规划单位、设计单位、施工单位、监理单位等未来社区参建多方创建一个协同工作的三维可视化项目建设管理平台，系统支持多层级多维度项目管控需求，功能覆盖项目启动、项目实施和项目收尾的全过程，为未来社区建设阶段提供统一、高效的数字化工具，辅助科学决策，实现全方位管控，保障未来社区建设顺利开展。

数字化建设管理子系统以未来社区数据中心为依托，与数字化征迁系统紧密结合，为 CIM 平台提供有力的施工期数据支持。通过建立多平台的互通关系，形成一套完整的数字化、立体化、智能化、全生命周期的建设管理平台，帮助未来社区真正落地，支撑社区持续运营。

（2）数字化系统设计思考

绿城未来数智以数字化改革为牵引，深度参与开

发"斗潭未来社区在线"应用，并积极推动应用与项目的融会贯通，促进邻里、健康、教育、治理等场景的数字化联动，打造有归属感、舒适感和未来感的未来社区。

数字化系统是邻里特色文化与居民交流互动的线上载体。因此，在邻里场景的数字化设计方案中应重点突出具有项目特色的文化宣导、围绕日常互动和社群活动的邻里交流、社区治理协同下的积分系统设计三方面内容（图 7）。

①文化宣导

居民可在 APP 内查看项目邻里公约内容，与线下文化设施相结合；查看社区文化设施介绍并在线预约。

管理者可在本模块增加社区历史文化介绍、特色产业介绍、里程碑事件记录等内容，使居民对社区有更全面的了解。

②邻里活动交流

社区文化体系包括通用型文化内容和区域特色文化内容。通用部分分为半日闲、四季活动、一家亲、邻里生活节四部分，涉及邻里、健康、教育、创业、服务等多个场景指标，为居民提供线上交流工具和线下活动管理。

线上部分包括：活动管理（活动发布、活动报名、线上交流等）、社群内容管理、H5 外链等。

在教育场景的数字化设计方案中将重点突出幼小

图 7　外置核心筒对庭院空间的再界定

托育服务、邻礼学堂管理、知识共享平台三方面内容，实现托育信息可视化、学堂线上线下互动、知识共享数字化。

在健康场景的数字化设计方案中将重点突出运动健身数字化、医疗健康数字化、智慧养老三方面内容，实现集约健康空间管理、打通医疗资源、提升医养服务体验。

在创业方面，围绕创业各个阶段，提供创业全链服务，多维度满足创业需求。主要包含企业服务、政策研究、代办服务、线下场景的智慧服务。

数字化系统是智慧共享停车、能源保障与接口预留以及物流配送服务的线上载体。因此，在交通场景的数字化设计方案中将重点围绕居民日常的智能停车、新能源汽车充电和无人快递柜三方面内容。

同时本项目对建筑区域能源进行数字化规划，将区域内供冷、供热、供电、供气等涉能源的各项规划统一考虑，充分考虑能源的多元性，优化配置可再生能源、传统能源及清洁能源，降低能源的碳排放量，集成应用集中与分散结合的供冷供热系统、可再生能源与传统能源相结合的能源供应方式、高能效制冷热设备、全热回收技术、空气源热泵热水系统、智慧能源管控等多种技术，多种供能方式联合为该区域供冷和供热，实现多能互补，管网互通互联，创新功能理念。

对衢州未来服务进行数字化改造，保障未来服务切实落地的有效驱动力。在服务场景的数字化设计方案中将重点突出具有项目特色的平台＋管家设计，商业管理平台及智慧安防设计三方面内容。

3. 模式创新

用全新的"社区建设"理念和模式推进试点创建，摒弃传统的"以房地产开发商为核心"的项目管理思维。初步设计完成后，形成土地出让和建设运营实施方案。实行"带方案"出让，选择投资开发主体和市国资公司共同出资组成项目公司，并负责施工图设计、建设、管理和运营，实现"投、建、管、运"一体化。整个方案实施纳入衢州市政府重大项目全生命周期监管体系，包括接受全过程的项目管理咨询、全过程的工程咨询服务和全过程的审计跟踪监管。

在政府主导、居民自治、企业参与、社会共享的社区治理理念支撑下，以运营服务为导向，配以制定多方保障机制，以平台化模式实现未来社区全过程实施。由运营方统筹运营社区资产，搭建并运营线上服务平台实现数字赋能，同时引入产业联盟与服务供应商资源提供服务，实现九大场景落地。

依托数字经济、幸福产业建设，借势未来社区建设，完善人才落户机制，推进高端要素集聚，激发区域创新活力，构建人才创业创新的幸福家园。以礼遇贤者为导向，以国际精英、创业人员等为重点，从贤者引进、贤者激励、贤者评价等方面推动政策创新。一是推进贤者引进政策，落实透明化的人才公寓申请通道、零门槛高校毕业生落户机制、人才落户绿色通道等贤才招引政策。二是推进贤者激励政策，从岗位聘任、职称评定、工资定级、学习进修、休假体检等方面为人才创造良好环境；引导和鼓励社区内企业加大奖励力度，落实相应待遇，鼓励对优秀贤能人才实行特殊奖励政策。三是推进贤者评价政策，从能力、

图 8　日景中景

图 9　夜景单体

实绩和贡献角度建立科学合理的精英人才评价和使用制度。

4. 运营创新

"投建管运"重在"运营"，围绕长效运营工作，提前谋划，以社群运营为抓手，进一步创新社区运营模式。

（1）场景塑造。围绕六大空间，推动公共服务全面升级，最大限度实现共享共治、共生共荣的美好愿景。

（2）社群营造。建立健全社群管理体系，营造共建共享的社区生活共同体，激发社群活力，促进社区自治。

（3）坚持党建统领基层治理。打造红色物业联盟未来社区版，打造社区服务综合体"邻礼汇"。

（4）开展各类社区活动。倡导业主自治、共建、共享，丰富社区文化娱乐生活。

（5）开展国际未来社区试点。引入"SUC联合国可持续城市与社区项目组"作为全过程管理咨询单位，提高社区居民的归属感和自豪感。

（6）数字赋能未来社区。以数字化改革为牵引，构建城市大脑＋社区中脑＋家庭小脑框架体系，依托智慧园区建设，完善社区数字管理体系。

● 更新效果

作为浙江省未来社区首批 24 个试点项目之一，绿城城投·礼贤未来社区以"与一切美好相处的方式"的理念，为衢州打造一座文脉浓厚、烟火气浓郁的未来社区样本。

通过融合"天行有常、天人同源"的生态价值观和秩序化的"棋道"精神，整个项目增添独特的"有礼"文化基因，体现未来邻里、教育、健康、创业、建筑、交通、能源、物业和治理共九大场景，真正实现服务零距离，生活智能化。

提升生态环境，构建"大花园建设"主阵地。充分利用严家淤生态岛等生态景观资源，结合绿色低碳建设技术，布局丰富健康资源，打造生态、健康、乐活生活新体验，打造全省首个落地浪漫花园社区标杆（图 8 ~ 图 12）。

图 10 夜景航拍

图 11 日景鸟瞰

图 12 日景中景

江岸区四个老旧社区智慧化改造建设项目

供稿单位：爱社区发展（武汉）股份有限公司

项目区位：湖北省武汉市江岸区

总设计师：严祥军、赵越

项目团队：王婧、于天宝、李伟干、肖崇杰、杨刘洋、陈宏霞、金琼、李祥、刘根、王恒

投资单位：武汉市江岸区人民政府车站街道办事处、武汉市江岸区人民政府劳动街道办事处、武汉市江岸区人民政府塔子湖街道办事处、武汉市江岸区人民政府四唯街道办事处

设计单位：湖北公众信息产业有限责任公司

组织实施单位：湖北公众信息产业有限责任公司、武汉市江岸区大数据中心

施工单位：爱社区发展（武汉）股份有限公司

设计时间：2017 年 10 月

竣工时间：2019 年 8 月

更新前土地性质：普通住宅

更新后土地性质：普通住宅

更新前土地产权单位：袁家社区、艺苑社区、华清社区、汉口花园二期社区

更新后土地产权单位：袁家社区、艺苑社区、华清社区、汉口花园二期社区

更新前用途：普通住宅

更新后用途：普通住宅

更新前容积率：2.73

更新后容积率：2.96

更新规模：105 万平方米

总投资额：人民币 7,781,500 元

● 更新缘起

《中共中央关于制定国民经济和社会发展第十四个五年规划和二〇三五年远景目标的建议》明确提出实施城市更新行动，加强城镇老旧小区改造和社区建设。由此，城市更新已上升至国家战略层面，在全社会引发了强烈反响。该社区主动拥抱"城市更新"的发展潮流，在武汉市大力实施"红色引擎工程"的背景下，深耕老旧小区智慧化改造领域，取得显著成效。

按照武汉市《关于实施"互联网+"产业创新工程的意见》，为加快落实武汉市"互联网+"行动委员会制定的"11711"行动计划，运用信息化手段加强和改进社会服务管理，高度重视网络阵地建设，充分利用和发挥物联网、云计算等高新技术的优越性，推进社区信息化建设，构建智能、人文、宜居的现代新型社区。

江岸区委、江岸区人民政府印发《关于全面推广"百步亭经验"的决定》指出，百步亭是以基层党建推进基层治理体系和治理能力现代化的典型，是基层治理实践创新、制度创新、理论创新的新典范，并将

"实施'红色引擎工程'，推广'百步亭经验'"写进武汉市第十三次党代会报告。为贯彻落实武汉市第十三次党代会精神，大力推广百步亭经验，提升江岸社区治理体系和治理能力现代化水平，运用"互联网+"思维搭建现代化的社区治理平台和社区服务载体。

智慧社区建设总体目标是以人的生命周期为主线，以居民权益为核心，以特殊人群（一老一小、残疾人、特扶特困人员、流动人口等）的需求为优先。以现有的信息管理服务平台和网络设施为基础，整合内部信息资源，改扩建社区软硬件设施。采用先进的计算机技术、通信技术、控制技术、云计算、物联网技术、系统集成技术，通过对各类与居民生活密切相关信息的自动感知、及时传送、及时发布和信息资源的整合共享，实现对社区居民"吃、住、行、游、购、娱、健"生活七大要素的数字化、网络化、智能化、互动化和协同化。为百步亭现代城社区建立一个社区住户与住户、住户与外部社会、住户与物业、住户与社区服务部门之间进行沟通与应用的综合交互平台，形成一个"可看、可用、可复制"的智慧社区管理服务体系（图1）。

图1 信息管理服务平台

● 更新亮点

1. 设计创新

武汉市《关于实施"红色引擎工程"推动基层治理体系和治理能力现代化的意见》(以下简称《意见》),提出紧扣党建引领基层社会治理创新主题,强调重塑党的政治色彩,突出"八个红色"的重点内容,包括强化"红色引领"、培育"红色头雁"、激活"红色细胞"、建设"红色阵地"、打造"红色物业"、繁荣"红色文化"、掀起"红色旋风"、用好"红色基金"。

其中"红色物业"是实施"红色引擎工程"的主攻方向和创新之举。《意见》强调要加大在物业服务企业组建党组织的力度,确保党的组织和工作在每个住宅小区、每个物业服务项目有效覆盖。深化党组织领导下的居委会、业主委员会和物业服务企业"三方联动"机制,形成社区治理合力。

通过网格化管理的主要思路,完善党员管理(党员信息、认岗和联户等)和党组织管理(党组织信息、分类和定级等),提升党建工作效率和质量,规范党内日常管理,实现党工管理同步,为社区党建工作打造一个先进的技术平台、高效的工作平台,有效支撑"红色引擎工程"(图2)。

2. 技术创新

项目的总体设计原则可概括为:

(1)全面性和规范性

系统功能设计严格遵循湖北省、武汉市智慧社区数据标准规范和其他各方面的管理规范,以便与省、市智慧社区系统风格保持一致。

(2)先进性

在技术上应具有一定超前性,采用国际或国内通行的先进技术,以适应现代信息技术的发展。

(3)成熟性和实用性

采用被实践证明为成熟和实用的技术和设备,最大限度地满足本项目现在和将来的业务发展需要,确保耐久实用。

(4)开放性和兼容性

建成后的系统采用高度模块化设计可与未来更换扩展的设备具有互联性和互操作性,可以根据客户需求提供系统组件接口,方便客户进行二次开发。建成后的系统可以利用XML等通用数据交换协议,能够方便地实现与省、市智慧社区平台系统的数据交换。

(5)安全性和可靠性

系统必须具有高度的安全性。采用可靠的网络结构和数据库软件,以保证数据采集、录入、传输的合法性、准确性。

系统有很强的故障恢复和应急措施,采用数据自动备份等措施,保证日常事务的正常运行。系统要进行严格的压力测试,充分保证系统运行的高可靠性。

先进的技术要符合当前的技术发展方向,成熟的产品要尽量减少系统的实施和运行风险。

(6)安全性和保密性原则

系统要建立一套基于角色和工作分工的权限控制机制并进行职能化界面设计,从客观上保障工作人员"各司其职",防止执行超越权限操作的现象发生。系统分级分层授权,数据分级分层管理,以保证信息安全和保密。

充分考虑在网络、操作系统、数据库、应用等方面的安全性;合理的日志和规章制度;充分考虑系统及数据资源的容灾、备份、恢复的要求,为系统提供强大的数据库备份工具。

(7)扩展性

充分考虑安全管理咨询服务项

党建+公益+文化+服务

精准治理、协同治理、专业治理

四找、四动、四服务

诚信分

党建、公益、文化、活动

以刚需(政务、物业服务功能)促安装;
以高频(门禁、停车)推流量;
带动智慧社区APP运营(分发/内容/团购/商业...)
手机APP物业缴费、停车缴费...
实现"可运营"智慧社区模式

图2 红色引擎工程网络工作平台

目工作的复杂性、多样性以及持久性,本方案将采用模块式调研、组件化的制定与实施的模式,将整个项目无论是指标还是计划方案,均可在横向和纵向具有可扩展的余地。

(8)易操作性原则

良好的人机操作界面,界面友好、美观、使用方便、易学易用,易于维护和补充,大大降低对操作人员计算机知识的要求。系统具备完善的帮助信息,使用者可以随时获得与系统有关的在线帮助。

(9)保护现有投资原则

项目的建设需要考虑充分利用已有设备和资源。充分利用和保护已有的数据,节省投资,避免重复建设。

3. 模式创新

项目以为民服务为根本,立足于社区实际,充分发挥模式创新在增强和提升社区治理、服务与管理中的关键作用,围绕着基础设施智能化、社区治理现代化、小区管理自主化、公共便民服务多元化、社区运营可持续化等目标,促进社区健康可持续发展。

根据住房和城乡建设部办公厅印发《智慧社区建设指南(试行)》(建办科〔2014〕22号)要求,以及汉口花园二期社区、物业和居民的需求,本次试点建设项目总体框架以政策标准、绩效考核保障体系和智慧社区运营支撑体系为支撑,以设施层、网络层、感知层等基础设施为基础,汇聚社区多种来源数据资源,架构智慧社区综合数据平台,并在此基础上构建面向社区居委会、业主委员会、物业公司、居民、市场服务企业的智慧应用体系,涵盖包括多元共治:社区治理、小区管理等;多元共服:公共服务、便民服务以及社区文化等多个领域的应用,以社区官网、APP、微信公众号多种方式接入用户。

在融资模式方面,主要通过政府拨款来进行,资金平衡方面依靠智能硬件植入广告收益来实现资金补充平衡,并联合中国电信、江岸区大数据中心等各方进行方案的论证及深化设计,保障项目顺利推进。

4. 运营创新

以百步亭式智慧化社区服务运营模式的可持续、可运营为目标,重视社区文化建设和线下活动运营,引入成熟的市场资源,建立社区利益共同体,探索新型服务运营模式,最终实现百步亭式智慧化社区服务运营模式的可复制推广和可持续运营,建设成具有可复制性、可持续发展的智慧社区示范性工程(图3、图4)。

● 更新效果

通过整合社区居委会和物业资源,拓展社区商户和供应商资源,开展多种形式商业合作,吸引品牌企业入驻,持续优化智慧化平台增值服务,形成商业闭环。通过线上线下多元融合,与社区党组织、居委会、业委会和物业公司有效对接,合力解决居民各类诉求,推动居民参与自治,促进社区治理体系和治理能力现代化(图5~图8)。

图3 便民服务

图4 智慧社区云服务中心

图 5　改造后

图 6　改造后

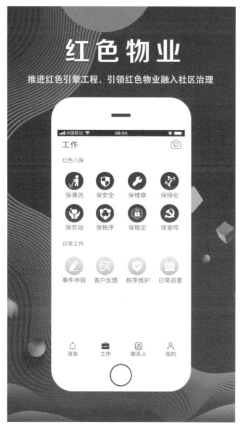

图 7 改造后

图 8 改造后

泮塘五约微改造项目

供稿单位： 广州市城市更新规划设计研究院有限公司、象城建筑规划设计（广州）咨询有限公司

项目区位： 广州市荔湾区泮塘村

总设计师： 骆建云、邢懿

项目团队： 徐好好、梁伟、李芃、孙丛山、张嘉睿、苏健峰、凌华林、邓子桓、黄永杰、黄洲

投资单位： 政府投资

设计单位： 广州市城市更新规划设计研究院有限公司、象城建筑规划设计（广州）咨询有限公司

组织实施单位： 广州市荔湾区建设工程项目代建中心

施工单位： 广东建雅室内工程设计施工有限公司、广州市房屋开发建设有限公司、深装总建设集团股份有限公司

设计时间： 2016—2018 年

竣工时间： 2019 年 6 月 20 日

更新前土地性质： 文化、展示

更新后土地性质： 文化、展示

更新前土地产权单位： 私房、公房

更新后土地产权单位： 私房、公房

更新前用途： 居住

更新后用途： 展示、商业

更新前容积率： 1.22

更新后容积率： 1.20

更新规模： 4.43 万平方米

总投资额： 人民币 22,940 万元

● 更新缘起

泮塘五约微改造属于 2016 年广州第一批微改造实施项目，也是 2017 年国家住建部老旧小区微改造试点以及广州市 5 个改造示范社区之一。项目位于广州市荔湾区中北部的泮塘村内，属于荔湾湖 – 逢源大街历史文化街区的建设控制地带。项目西面和南面被荔湾湖公园景区包围，外围有半岛形水系，自然景观资源丰富，环境优美；东北面临近仁威古庙，历史文化底蕴深厚；周边有永庆坊、泮溪酒家、荔枝湾涌、西关大屋群等各种重要的文化商业设施。泮塘五约作为西关泮塘的核心区域，是连通荔湾湖公园与周边城市的重要区域。

泮塘历经 900 多年风雨，依旧保留了广州现存唯一的"鱼骨"式村落肌理，是广州历史城区中几乎仅存的保留有完整清代格局、肌理和典型朴素风貌特征的上岸疍家与多姓宗族共居的乡土聚落，是广州历史城区内独特的历史文化片区。

随着城市化的不断发展，泮塘逐渐成为被城市遗忘的自然村落。内部建筑质量差，配套设施缺乏，居住环境不佳，居民多数为低收入人群，无法改善现状。内部条件制约着村落的发展，导致其功能性衰弱，其历史价值和传统风貌在无序的翻新中渐渐流失。在"老城区·新活力"的微改造政策背景推动下，在保护与活化利用双重命题下，泮塘是广州城市更新规划与实施的重点对象（图 1～图 4）。

整个历史文化街区统筹规划，将项目打造成"最泮塘、最西关、最广州"的城市名片。以保护传统村落肌理、恢复民俗活动、完善村落配套、植入传统手工艺等业态来激活村落的活力，打造成西关荔湾文商

图 1　街泮溪旁边改造前

图 2　五约外街 32 号改造前

图 3　泮塘五约直街 11 号改造前

图 4　三官庙广场改造前

旅活化的独特景点。让游客亲身体验这独具特色的地方文化民俗，感受品味多彩别致的西关风情，领略岭南文化的魅力。

● 更新亮点

1. 设计创新

泮塘五约微改造以保留为基础，主要是恢复传统村落肌理及提升公共环境。在平面设计上，大部分建筑保留了原有紧凑的空间格局，其余部分的建筑通过庭院的联系对空间进行重新组合，保留了岭南建筑中外封闭、内开敞的布局形式，形成更好的通风系统，为今后商家进驻运营及分配提供更好的条件。在主要的街巷交叉口，对建筑进行抽疏处理，减少巷道的压迫感。

建筑屋顶仍旧保留了传统穿斗式木构架的做法；

外墙主要以传统青砖墙、灰色筒瓦屋面为主调，配上传统木门窗及彩色压花玻璃窗等构件、加上传统灰塑、封檐板、嵌瓷、彩画等细部元素，以带有西关风格的传统岭南建筑风貌为核心，同时在局部构造融入现代处理手法，既能还原古村落风貌风格，又能尽量满足改造后的功能要求。在景观设计上打通与公园的隔阂，结合周边自然资源整体提升片区环境，并巧妙地运用岭南特色文化元素，如山墙、青石板、青砖、瓦片、岭南雕花、琉璃拼花等，通过设计重构，融入景观设计中，点滴细节皆是岭南文化的缩影（图5～图8）。

2. 技术创新

采用现代科技手段完善基础数据，确保项目设计品质。

（1）无人机航拍+Altizure实景建模

为规划设计提供可靠依据，从宏观到微观全方位查看风貌现状、加改建情况。以三维实景模型取代照

图5　五约外街32号改造后

图6　涌边街12号、1号、16号 – 内庭院

图7　街泮溪旁边改造后

图8　三官庙广场改造后

片＋卫星图的传统现状记录手段，通过修改实景模型，对削层抽疏、立面整治改造等设计手段进行实景模拟。

（2）模型正投影平面与现有地形图相互校对

将模型正投影平面与现有地形图相互校对，解决平面资料不准确的问题，辅助进行经济指标复核，总量控制。

（3）移动三维扫描，快速完成街巷立面测绘

利用 Altizure 生成三维实景模型，以修缮设计和存档为目标，直接对接文物修缮设计及施工的要求。

3. 模式创新

（1）以政府文件为依据进行微改造设计，实行不大拆大建的方式恢复村落活力。

2016 年 1 月 1 日，广州市出台了新的《广州市城市更新办法》（市政府令 134 号）以下简称《办法》。《办法》明确提出城市更新方式包括全面改造和微改造方式，其中微改造主要适用于建成区中对城市整体格局影响不大，但现状用地功能与周边发展存在矛盾、用地效率低、人居环境差的地块。《办法》为全面开展城市更新工作提供了有力支持。

（2）首个创立"共同缔造"委员会的微改造项目，以民意所向为宗旨进行参与式规划。

成立微改造共同缔造委员会，委员会成员由区更新局相关负责人、居委会主任、居民代表、人大代表、政协委员、专家、媒体代表、社区规划师等组成，是一个多群体的有效沟通平台。从居民的不信任，到与村民打成一片，是微改团队与居民之间相互聆听、交流的结果。2016 年 4 月—2017 年 10 月多次开展参与式规划设计与社区营造活动，听取民意、发掘并恢复非

遗文化活动及传统民俗活动，推动历史文化街区的共同缔造，带动社区各宗族、各利益相关方共同进行公共空间设计讨论，凝聚设计方案共识（图 9、图 10）。

4. 运营创新

泮塘五约微改造是政府投资的第一批微改造项目，后期也是由广州市荔湾区文化商旅发展中心运营。泮塘五约作为历史悠久的传统村落，具有独特性，可充分与周边产业相结合，借助周边荔湾湖公园、荔枝湾、西关大屋等强大的资源，将项目融入古老的西关文化；围绕舞龙、舞狮、扒龙舟等民俗活动及传统手工艺，落地一些场馆，引入书店、音乐创作等打造文化氛围；联合周边一起打造广州最具影响力的民俗文化旅游片区、生活气息浓厚的旅游地标。

运营在引入商户时，依据顶层的产业规划指引，分片区地引入不同类型的商户。例如五约直街主要引入传统手工艺、艺术家、匠人工作室等；涌边街则引入较年轻、有活力的业态，如音乐空间、1200 书店等；北片区引入听草堂、茶室等需要较安静的业态。在这里既结合了本土的特色，也打造出了传统文化和现代文化共融共生的多元业态环境。

● 更新效果

通过改造，泮塘保留了历史肌理，修缮传统建筑，完善村内公建配套，发掘并恢复传统民俗文化活动，引入传统手工业和文化类产业等，激活了有着 900 多年的传统村落，保护广府历史文脉，完善历史文化名城内涵。

图 9　参与式改造讨论

图 10　共同缔造方案沟通

以历史保护为前提，进行建筑及空间环境的改造设计，改善居住及营商环境。建筑主要是恢复传统村落肌理及提升公共环境。对原来建筑进行抽疏，增加公共活动场所，并对原有的历史文化节点的环境进行提升（图 11 ~ 图 14）。

根据前期的产业策划，重点引入传统手工业和文化类产业等，为社区带来新业态及人流；通过共同缔造委员会，进一步促进居民参与修缮；改善整体环境，进一步激发居民的对泮塘传统文化的自信及宣传。

微改造完成后，社区改造更新成效显著，居民满意度、幸福感大幅提升，是广州历史街区微改造的典范，是广州共商共建共享城市包容力强的具体体现。项目也获得多项省、市设计奖项，并在 2020 WA 中国建筑奖"城市贡献奖"众多参评作品中脱颖而出，成为"WA 城市贡献奖"10 个入围项目之一。

现在的泮塘五约，既安静淡然又烟火气息弥漫，实现了新"村民"与原住民和谐相处。独特泮塘吸引多家新闻媒体争相报道，也获得积极的社会影响。

图 11　泮塘总图

图 12 涌边街 12 号、1 号、16 号改造后

图 13 涌边街 12 号、1 号、16 号 – 室内

图 14 泮塘五约直街 11 号改造后

中国城市更新和既有建筑改造典型案例 2023

城市街区更新

猛追湾

广州市荔湾区恩宁路历史文化街区房屋修缮活化利用项目

万科时代中心·望京

老菜场市井文化创意街区

光影中山路——青岛中山路历史街区数字化改造工程

猛追湾

供稿单位：四川万创文华商业运营管理有限公司

项目区位：四川省成都市成华区，北至府青大道，西邻府河，南至蜀都大道，东临一环路

总设计师：李兆喆、华珂

项目团队：胡平、何阳阳、张健、罗跃、李嘉妮、滕彬、姚德辉、黄裕银

投资单位：成都锦城华创置业有限责任公司

设计单位：成都基准方中建筑设计有限公司

组织实施单位：万科中西部城镇建设发展有限公司

施工单位：中天建设集团有限公司

运营单位：四川万创文华商业运营管理有限公司

设计时间：2018 年 10 月

竣工时间：2019 年 9 月 30 日（整体开业时间）

更新前土地性质：商办、住宅

更新后土地性质：商办、住宅

更新前土地产权单位：成都锦城华创置业有限责任公司

更新后土地产权单位：成都锦城华创置业有限责任公司

更新前用途：商业、办公、居住

更新后用途：商业、办公、长租公寓（泊寓）、文创综合体、城市展厅

更新规模：总体研究范围 1.68 平方公里，共计收储运营面积 4.3 万平方米

总投资额：人民币 3.57 亿元

● 更新缘起

猛追湾位于成都主城核心，距太古里400米，区位优势明显，但产业和空间发展滞后，缺少品牌塑造。原沿街商业、办公、居民楼界面陈旧杂乱，业态档次低且缺乏特色，公共空间人车混行、景观单调，产业偏低端、特点不鲜明。

2018年，成都基于城市"中优"战略提出打造"天府锦城"，规划"八街九坊十景"，猛追湾为"九坊"之一。成华区棚改公司承接猛追湾城市更新，并邀请万科参与，万科通过市场招标获取工程总承包（EPC）代建资格和部分物业5~10年租赁权。

"烟火人间三千年，成都上下猛追湾"。根据成都"中优"战略支撑性规划《天府锦城总体城市设计》，猛追湾片区的打造将体现（图1、图2）：

（1）在文化主题上，彰显"老成都、蜀都味、国

图1　国税局更新后

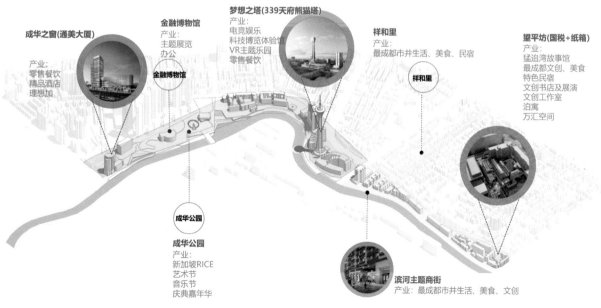

图2　猛追湾城市更新布局

111

际范"的天府文化；

（2）在功能定位上，主打市民休闲、文化旅游和生态运动功能；

（3）在规划设计上，秉持保持街巷格局，进行有机更新的理念。

猛追湾通过打造"工业文明与现代时尚交相辉映，美食文化与文创产业共生共融"的滨水慢行生态空间，烟火气与品质感并重，以成华文旅地标、城市记忆打卡点、城市界面提升、资产价值提升、社区共融范本为目标成为全国城市更新样板。

● 更新亮点

1. 设计创新

（1）挖掘历史文化，保留成都记忆

万科深度挖掘和传承成华"工业记忆"和猛追湾"城市乡愁"，以"修旧如旧、产业活化、有机更新"为原则，采用场景化设计手法，保留当地文化IP，锁定原国税局和纸箱厂，打通"一坊"（望平坊）内部空间，打造猛追湾故事馆，将天府古戏院留在了望平坊，并为戏院定制了成都首家天幕剧场；对借用二楼阳台形成的理发店作保留升级；打造成华区的十个工业发展"历史第一"场景（以地刻铺装、光影装置、互动装置等手法呈现，从1953年东郊工业区第1个电子工业项目锦江电机厂开始，一直到1998年成都光明器材厂成为我国第1家量化生产镧系玻璃的专业厂家，跨越40多年）（图3、图4）。

（2）梳理空间，更宜居

万科坚持以人为本，充分考虑当地居民诉求，梳理交通，释放公共空间，通过合理规划绕行路线解决停车问题，将靠近河滨的原机动车道改为慢行观景道路。谋划"绿道＋休闲配套"、"绿道＋新消费场景"等诸多可能，高品质外摆融入滨河街区，实现"回家的路"与社交场景融合，创成都第一，带动整个猛追湾片区的产业提升和城市空间品质提升。

2. 技术创新

（1）猛追湾故事馆

通过数字技术和3D投影等科技手段，分5个场景，将猛追湾的前世今生进行多角度的浓缩再现。场景包含：数字全景沙盘、戴上耳机感受当时老茶馆人声鼎沸的氛围、VR窥探镜找寻老成都人的童年记忆、3D影像展示熊猫爬塔／电子烟花秀等场景、光速触摸屏点亮天府熊猫塔、游乐园、理发店、夜游锦江画面等。

（2）追光逐梦

位于猛追湾公共广场，高8.8米，由跨学科艺术家兼设计师Jason Bruges打造，是艺术家在中国的首个室外永久性作品。作品以高立的塔楼造型为主体，由不锈钢镶板制作而成，通过数字动画的流动在表面的线性灯光轨迹展现出动感活力，同时应用一流的智能感应装置，根据周围环境及人流来往而改变色彩，呈

图3 望平坊（左）、梅花剧社（右）

图4　更新前后对比

现律动的烁光，参访的行人在转身的片刻同时成为作品的创造者。

（3）时光长廊

位于望平坊入口处，利用老建筑院落的入口门洞，在左右两侧长廊做了完整三面的镜面设计。廊道顶部由5800块小液晶屏幕组成一个波浪式顶棚，可以播放任何画面甚至影视节目。两侧经过通高6米多的原子镜无限放大，将顶棚的图景、地面的行人反复投射，让隧道充满变幻无穷的魔力。

（4）红光故事绘

在99号院侧墙，以红光电子厂为主的成都东郊工业区街道投影，展现一年四季街区生活，活化红光电子厂片区街道的市井生活。19：00—22：30为静态画面，期间每间隔15～20分钟一次，每次5分钟动态影像。

（5）时代弄潮儿

在车库入口，一块超薄高透性数字潮汐显示屏在数字潮汐软件的智能数据环境中，采集不同的环境信息数据，如天气、人流、风速、温度等，通过数据处理，动态变换展现出这些信息的形态，如潮水周期涨落现象一般。

（6）漫游骑行互动

在滨河空地放置自行车互动装置，由一块高清LED屏和智慧化自行车装置组成。区别于传统的自行车漫游，创新地增加了两辆自行车骑行比拼，定制开发互动内容技术，虚拟健身单车功能有统计距离、卡

路里消耗、历史排名等。

（7）拾光广场、透水发光路面、发光人行道等

融入微波传感技术，根据人的来去，调整氛围照明及主题图案的效果（图5）。

3. 模式创新

猛追湾为成都首个EPC+O城市更新项目，独创EPC+O 2.0模式，即政府引导，企业主导（1.0模式为政府主导，企业参与），由多方共建，带动片区活化与持续更新。

成华区棚改公司（锦城华创）作为项目的业主单位，进行项目整体策划、规划、设计、建设、运营一体化招标，万科（运营单位）、基准方中（设计单位）、中天建设（施工单位）形成联合体投标。运营管理方作为项目牵头人，提供招商资源导入、商业运营、城市物业运营等，与业主方约定服务年限，运营成本据实列支＋管理费用按NOI提点，城市物业按相关标准收取；设计／施工方提供前期策划、设计资源、施工（改造装修）、采购资源等。

万科与政府相关部门、区属平台公司大力实施优质资源"收、租、引"，并成立片区专业运营公司对收储资产整体实施资产管理、项目招引、业态管控、运营管理等工作，完成重要节点收储面积约4.3万平方米。"策划、规划、设计、建设、运营"一体化实施方式以及"文态、业态、形态"三态融合的打造方案受到成都市委主要领导认可，项目经验发成都全市领导班子学习。

113

图 5　技术创新

4. 运营创新

猛追湾以消费、办公、居住三位一体复合场景，营造年轻人潮流之地。

（1）消费场景

①商业特色

商业板块以"一坊一里两街三巷"为载体，以文创、餐饮业态为主，保留当地文化IP的同时，引入新经济新场景（几何书店成都首店、揖美礼物成都首店等），形成以小店经济、首店经济、夜间经济为主打特色的活力街区，共计孵化属地网红品牌42家，成为"太古里－猛追湾－东郊记忆－北湖公园－熊猫基地"精品旅游轴线核心节点（图6）。

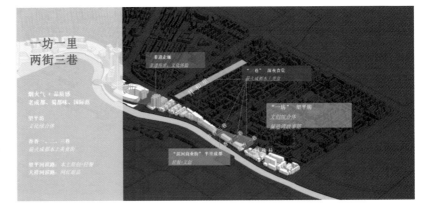

图 6　一坊一里两街三巷分布

②城市IP打造

超级IP：2019年元宵节，万科用一场烟花秀打开城市的精彩，热度排名元宵节全球热搜前两位，央视在一个月内报道2次，线下吸引日客流10万+，线上讨论600万+，成为成都跨年标志性地点。

文化活动IP：打造猛追湾江畔市集、"小街巷、大艺术"街巷艺术、蓉城之秋国际音乐周、猛追湾X抖音食光里等，"成都最大弹幕屏"微博话题总曝光量超 1.5 亿，话题两次登录微博区域热搜第 1 位。

③文化运营

以"万巷更新"为服务品牌，成立"追湾文化"运营平台，以"文化"为核心抓手，通过与艺术资源 / 跨界资源 / 旅游资源深度合作，丰富"江畔市集"内容，通过"展、演"的形式将文化艺术融入街区（展览、与外国领馆合作落地主题旅游季、植入表演 / 脱口秀等），充分营造街区的场景互动、城市和城市之间的互动，以构建文化运营品牌，提升品牌影响力（图 7）。

（2）办公场景

原成华区国税局 4 ~ 7 层改造为万科自营联合办公品牌"万汇空间"，打造文创企业创新创业场景，配置发布区、前台接待区、茶水吧台、开放洽谈区、打印区、创意会议室等公共区域及 59 间标准办公室，可拎包入住。运营期间服务客户共计 200 余家，孵化企业 58 家，包括功夫动漫、哈啰出行、鸿星尔克等。

亚太并购大厦由原通美大厦升级改造而来，总建筑面积 3.2 万平方米，由万科运营，定位打造"业务关联、资源协调、空间辐射"的区域科技与金融产业综合体，是成都市第一个旧改写字楼项目、成华区 2021 重点商办写字楼项目。经过 3 年的运营，项目已服务客户超 60 家，截至 7 月出租率 85%，入驻知名企业有：美团、奥林巴斯、华林证券、锦泰保险、福州朴朴等。

（3）居住场景

原 1 号、4 号院居民楼改造为万科·泊寓，建筑面积 5600 平方米，共 223 间房，为"蓉漂"的国际青年解决居住问题。

（4）治理模式

猛追湾突破原有治理格局，形成街区共建共治新机制：万科联合猛追湾街道党工委成立"Dream One"街区综合党委，以市民休闲区为聚合点，整合社区、园区、街区三区优势资源，塑造建立"Dream One"街区党委联盟，发布联盟公约，发挥居民、商家的主

体感，共同推进党建引领下的特色街区的建设和运营。

同时，万科积极与政府沟通，落地万物云城智慧化管理平台，实行五星级景区化管理，市政道路的城管交由万科物业统筹，并实现非收储商户管理，做到行政退后、服务向前。

● **更新效果**

1. 社会效益

开业以来，项目累计接待 800 余次，共计 4200 人次的政府领导、专家学者参观，被央视新闻、新华社等国内权威媒体多次报道。

2021 年至今，万科西南区域追湾文化运营平台赋能城市影响力事件，猛追湾城市更新已成为代表成都的片区城市更新样板，撬动全国性媒体报道篇幅合计 500+；线上媒体传播量 5000 万 +；参与组织各类文化活动 50+，累计线下参与观众 30 万 +；重点文化 IP 打造 2 个；省市级政府链接 2 次；政企接待场次 300+；奖项获得 23 个（国际景观设计师联盟（IFLA）景观奖、2021 西南城市更新文化创意项目金坐标奖、首批省级天府旅游休闲街区、2021 城市更新十大示范片区奖、烟火成都有机更新范本、2021 年度中国城市更新优秀案例、2021 蓉聚星榜样美学街区榜……）。

2. 经济效益

通过近 4 年的运营，项目日均客流 2 万人，月均销售额 800 万元。在政府、企业、居民等多方共同参与下，周边 30 余家留存商家主动转业态、提品质，万科统一审核门头 / 店招 / 外摆等方案，拉动片区商铺租金上涨 60% ~ 70%；预计街区全口径税收 1500 万以上，地上税收贡献 300 万以上，带动了整个片区的焕新，实现产业和资产提升。

未来，万科将继续围绕"成渝双城互动""爱成都、迎大运"等城市主题，持续坚持街巷形态优化、风貌品质提升、文化特色彰显、消费场景营造，树立文商旅融合发展新标杆，焕发旧城区转型升级新活力。

图 7　服务品牌

广州市荔湾区恩宁路历史文化街区房屋修缮活化利用项目

供稿单位：广州万科企业有限公司

项目区位：广州市荔湾区恩宁路以北，多宝路和元和街以南，宝华路以西地段

总设计师：叶喆、高琦

项目团队：黄瑞勤、叶喆、高琦、熊佳钰、李奇

组织实施单位：广州市荔湾区城市更新建设项目管理中心、广州万科企业有限公司、广州万恩产业投资有限公司

投资单位：广州万科企业有限公司

设计单位：广东省建筑设计研究院有限公司

施工单位：中建四局第六建设有限公司、广东南秀古建筑石雕园林工程有限公司

设计时间：2018 年 10 月

竣工时间：总体竣工预计 2025 年 10 月

更新前土地性质：国有建设用地

更新后土地性质：国有建设用地

更新前土地产权单位：广州市荔湾区房管局

更新后土地产权单位：广州市规划和自然资源局荔湾分局

更新前用途：居住

更新后用途：商业

更新规模：房屋修缮 3.4 万平方米，复建 3.6 万平方米，总计 7 万平方米

总投资额：人民币 10.7 亿元

● 更新缘起

2007 年，恩宁路地块由于城市面貌老旧、危破房较多、人居环境较差等原因亟须改造。当时的改造思路是采用"大拆大建"的模式，按照传统房地产开发思路，对原有房屋和街区进行大规模拆除，以净地招拍挂完成土地出让，新建高层住宅，同步拓宽规划道路，建设相应配套设施。随着拆迁工作的深入，不少市民、专家学者等社会群体对"大拆大建"的模式提出质疑。同时地块内的留守居民舍不得离开世代生活的老街区，希望继续留在原址居住。

为顺应民意，区委、区政府对拆迁工作按下"暂停键"，并开始对"大拆大建"的模式进行反思，从保护历史文化、延续城市风貌的角度出发，重新思考恩宁路地块的改造模式。通过广泛征求居民、商户、新闻媒体、人大代表、政协委员、民间学术团体、专家学者等群体的意见建议，并借鉴先进城市的更新改造理念，初步明确了恩宁路地块改造的方向，即以保护

历史文化为前提，在老城区作"减量规划"，不再大拆大建，保护旧的街区肌理和传统骑楼街，对街区内的建筑以"修旧如旧"为原则进行保护修缮，恢复河涌等自然生态，取消破坏街巷肌理的规划道路，实现"红线避让紫线"的"微改造"模式（图1～图6）。

2018 年 10 月 24 日，习近平总书记视察广东，亲临永庆坊一期和粤剧艺术博物馆视察，并指出城市规划和建设要高度重视历史文化保护，不急功近利，不大拆大建。要突出地方特色，注重人居环境改善，更多采用微改造这种"绣花"功夫，注重文明传承、文化延续，让城市留下记忆，让人们记住乡愁。荔湾区认真贯彻落实习近平总书记重要指示精神，按照习总书记提出的"绣花"功夫，延续永庆坊一期的经验，继续推进永庆坊二期保护活化。进一步突出了地方特色，保留了满洲窗、灰塑、趟栊门等岭南特色建筑元素，留下了城市记忆和乡愁；注重文明传承、文化延续，依托非遗街区和非遗大师工作室，将粤剧粤曲、"三雕一彩一绣"等非遗项目发扬光大；持续改善人居环境，修缮了河涌

图1 改造前

图2 改造后

图3 改造前

图4 改造后

图5 改造前

图6 改造后

水道，恢复了永庆坊——荔枝湾水路联系，增设了停车场、公共洗手间，使人居环境更优美。二期改造实施后，永庆坊的空间得到扩展，客流量也大幅增加，周末日均客流高达近10万人，是大家领略岭南文化魅力、感受老城市新活力的重要窗口（图7）。

● 更新亮点

1. 设计创新

提供内容应包括：规划的亮点、建筑改造的亮点、

与众不同的艺术效果、设计理念的与众不同、对现有建筑的更好利用。

（1）提早介入稳定业态，选好单位快速设计：协助运营进行空间强排及测算，根据客户需求编撰设计任务书，选择合适单位进行快速迭代设计，合理时间提升设计品质；充分沟通引导政府，聘请专家减少阻力：充分跟政府主管领导沟通，遵循习近平总书记指示，减少政府疑虑。聘请重点专家参与项目设计，推动方案专家评审会过会及减少舆论阻力；合理安排设计院时间，充分调动设计院主观能动性：聘请广东省

图7 鸟瞰效果图

建筑设计研究院作为施工图设计院，充分调动省院技术力量支持超限设计，激发相关骨干员工奋斗者精神及主观能动性，打赢硬仗；梳理经验快速学习，持续打造冠军团队。

（2）新旧融合，强调复建建筑和历史建筑的风貌统一与协调；修旧如旧，注重城市肌理的保留与城市空间的活化。修缮风貌，规整优化城市界面，拆除违法搭建的构筑物、屋顶违建、规整外立面，注重历史风貌。三线下地、雨污分流、人车分行。空间活化，鼓励建筑空间多功能使用，活化现状空置及产业老旧的骑楼，实现宜住、宜商、宜游。

2. 技术创新

（1）利用无人机倾斜摄影技术获取测区的影像数据和定位定向（POS）数据建立三维模型数据，以及利用建筑信息建模（BIM）技术创建建筑精细模型，再选用 Skyline 软件平台实现对两种三维模型的数据融合，并分析模型融合前后的各自特点及应用。

（2）遵循智慧城市建设理念，立足街区这一城市基础，对街区进行智慧化建设，推出以街区智慧实现城市整体智慧的新模式。

3. 模式创新

（1）采用 BOT（建设—经营—转让）模式引入社会资本参与改造，破解政府角色困境。政府将项目土地及已征收保留的房屋整体打包，采用 BOT 模式，通过公开招商引入万科集团改造、建设及运营。

通过公开招商，赋予开发企业开发权，破解政府作为公共部门无法以永庆坊开发为盈利目的的角色困境。

（2）"一栋一案，一类一策"，最大限度保留原有街巷肌理。承办企业万科公司从 2016 年 2 月开始对永庆片区近 60 栋建筑逐一进行考察、梳理，制定出每栋建筑的改造方案。

根据《恩宁路历史文化街区保护利用规划》，将永庆坊二期建筑细分为修缮类、改善类、整修类、整治类、改造类 5 类建筑，并针对不同类别制定不同修缮要求与策略。

（3）成立"共同缔造委员会"，完善矛盾纠纷调解机制。在原广州市城市更新局、荔湾区委区政府等部门指导下，由区人大代表、区政协委员、街道办、社区规划师、居民代表（多宝街、昌华街）、商户代表、

业主代表、媒体代表、专家顾问等 25 名成员共同组成，旨在协调解决更新改造过程中出现的各种问题和矛盾。

（4）以共同缔造方式探索"共建共治共享"街区治理模式。通过共同协商平台，把握社会公众的多元诉求，市—区—社区三级联动开展从方案编制到实施全过程。

市城市更新局等部门负责技术协调和组织统筹，区政府负责实施统筹和运营管理，社区、居民及未来实施运营主体联合推动保护更新与微改造。

（5）创新开发运营管理机制，合理平衡保护与开发。用地功能置换，实现减量规划，项目将部分居住区调整为商业区，在减法中实现了增值，让企业在开发利用和保护之间找到了平衡。结合市场需求，重点引入"体验式"业态，重点在建筑设计、空间品质、经营模式上下功夫。

经营模式：融入表演、曲艺、茶艺、咖啡、茶点等体验式文化旅游商业，更注重消费者的参与、体验和感受。建筑设计：店面一楼以展示和销售产品为主，二楼则是一个制作工场体验区。引入高质量物业"经营"管理理念，充分利用空置公房，以"老房子新生计划"为撬杆，设置党建中心和社区服务中心，开展"共同缔造"参与式工作坊。万科物业统一管理永庆坊服务中心，包括不限于企业入驻、场地租用、景区卫生、活动策划（图 8 ～ 图 10）。

4. 运营创新

（1）开业至今共引进华南首店 1 家（代表：钟书阁），广州首店 13 家（代表：Mao livehouse、猫的天空之城、M stand、上新了故宫旗舰店等），荔湾首店 27 家（代表：广氏菠萝啤、急急脚、凤小馆臻、VINI 集市酒吧、梦境旅人浸入式电影剧场、茅台冰淇淋等）（图 11、图 12）。

（2）开业至今共举办 36 场文艺活动，包括 UCCA Lab 非遗华南首展《有中生有——西关故事新编》、仕女到坊——超活化全国首展、永庆坊第一二届城市表演艺术月、岭南奇妙游、荔湾教育局暑期研学等，打造城市艺文新地标。

（3）整体区域规划及场景打造

①西区打造传统文化体验区：

·**一期**：茶文化 + 丝文化 + 瓷文化

·**非遗街区 + 多宝段**：非遗 + 岭南文化

图 8　改造前 – 古树广场

图 9　改造后 – 古树广场

图 10　规划图

·粤剧艺术博物馆：粤剧文化

中区打造当代艺术体验区：

·粤博东段 + 滨河段：休闲餐饮 + 音乐餐酒吧

·骑楼段 + 吉祥段：年轻潮牌零售 + 大牌快闪空间

·示范段 + 水边底边：东方美学空间 + 艺术展厅

②东区打造先锋时尚体验区：

·金声段：Livehouse+ 脱口秀剧场 + 黑胶音乐空间

图 11　一期 – 乡愁广场

图 12　永庆坊荔枝湾涌

● 更新效果

1. 环境效益—人居环境整体优化改善效果明显

（1）街道景观方面：对建筑物翻新整饰，统一建筑立面色彩，建筑适度抽疏，增加了邻里花园和开敞空间。

（2）建筑安全方面：将原建筑的木质承重结构替换成刚架结构，消除了承重及消防隐患。

（3）市政设施方面：加装全新消防管网和喷淋设备，增设小型消防站，配备消防管理员；将街巷上空杂乱的线网进行规整，实现大部分线网落地，并增建配电房；重新铺设市政管网。

（4）公共服务设施方面：增加了党建活动中心，社会停车场等公共服务设施。

2. 经济效益—地租水平大幅上涨

改造后，永庆坊办公空间的租金从每月 30 ~ 40 元 / 平方米增加到每月 200 元 / 平方米，区域业态结构水平提升明显。改造前，以居住功能为主，只有少量以小商店为主的低端商业；改造后，引入文创、

科技研发等新型产业，形成了创客空间、科技研发、文化创意、民宿、轻餐饮等多种业态复合共生。目前已有众创空间、万科瞻云酒店等约 50 余家企业入驻，商铺出租率超过 90%。

3. 社会效益—成为广州对外交流的重要窗口

永庆坊片区成为国家级 4A 景区、全国第一批历史文化保护利用街区、广州市第一个非遗街区、广州市对外交流的窗口，吸引了各国政要、全国各地政府单位及社会团体、游客学习参观。在 2023 年的春节期间，永庆坊一二期开展春节系列主题活动，累计接待旅客数量共 804871 人次。

4. 文化效益—注重单体历史建筑保育

以局部修葺的方式为主，拆除重建仅占总体改造建筑的 5%，保护街巷肌理。重视对李小龙故居、民国大宅等单体历史建筑修缮，由政府牵头引进非遗大师工作室，包括广彩、广绣、珐琅、骨雕、榄雕、醒狮、饼印、箫笛、古琴等多种项目，让非物质文化遗产能够在历史文化街区更好地传承。

万科时代中心·望京

供稿单位：北京万旌企业管理有限公司

项目区位：北京市朝阳区望京街 9 号

总设计师：栾宁、曹洁

项目团队：栾宁、曹洁、梁亮华、杨娟、田甜、毛瑾、牟婷婷、宋哲、杨劲邦

投资单位：北京万旌企业管理有限公司

设计单位：UV 深圳独特视野建筑设计有限公司

组织实施单位：北京万旌企业管理有限公司

施工单位：中天建设集团有限公司

设计时间：2016 年 12 月

竣工时间：2020 年 8 月

更新前土地性质：商业

更新后土地性质：商业

更新前土地产权单位：北京正鹏房地产开发有限公司

更新后土地产权单位：北京禾亿企业管理有限公司

更新前用途：商业

更新后用途：商业 + 办公

更新前容积率：3.0

更新后容积率：3.0

更新规模：10 万平方米

总投资额：人民币 36 亿元

● 更新缘起

万科时代中心·望京项目位于朝阳区望京街道，为望京商圈东南门户，紧邻14号线望京南站和机场高速大山子出入口。前身是"望京国际商业中心"，位于北京大山桥与望京街交叉口以西，地处望京门户，与望京商务区、798艺术区相隔不远。周边国际企业集中、高新技术产业分布较密集，住宅多为高档公寓。随着国际人才引进和国际人才社区建设，亟须通过环境再造形成国际文化氛围和创新资源聚集（图1）。

项目含东、西两地块及中间道路。东侧地块面积6.82公顷，规划用途为住宅混合公建，2006年由北京正鹏房地产开发有限公司开发并销售。现状建筑主要产权单位为北京万科禾亿有限公司，业态为万科时代中心·望京办公楼和朝庭公寓。西侧地块面积4.61公顷，规划用途为综合性商业金融服务业，产权单位为北京方恒集团有限公司，地上建筑为方恒国际中心商办综合体。两地块中间道路为望京小街，全长380米，宽度42米，为原开发商代建道路（图2）。

十多年前，这里汇集了曾经繁华的华堂商场、望京商业中心和方恒购物中心。随着城市定位和周边业态的更新变化，小街的整体空间愈渐老旧，办公楼宇业态不佳，商业层次与实际需求产生了错位，道路老化、停车混乱、交通拥堵和环境脏乱等问题日益凸显。除了万科、方恒两个企业主体，小街上有近千个零散商户持有产权。如何结合片区发展开展针对性提升改造，推动诉求不一的多主体完成共治共建，成为政府和社会资本开展小街更新的首要难题。

2020年初，在朝阳区政府的支持下，万科作为社会资本参与望京小街的改造提升工作。2020年8月8日晚上8点8分，万科时代中心和望京小街首次向市民开放，成为一条集办公、购物、休闲、生活于一体的富有设计感的国际化现代步行街，更承载起智慧科技、国际交往、文化艺术等多元属性，是朝阳在街区更新工作中的"样板"（图3）。

望京小街是望京街道探索的新型街区治理模式，街道以党建引领为抓手，以党建协调委员会为核心、小街自治委员会为支撑、商户自治联盟和流动党支部为补充，打造区域化管理平台，汇聚区域党建合力，共商共治、共建共享，探索政府引导社会资本参与传

图1　万科时代中心·望京夜景1

图2　万科时代中心·望京夜景2

图3　望京小街入口

统商圈国际化转型的"望京模式"。

● 更新亮点

望京街道组织实施主体认真学习生态街道、绿色街道设计理念，着眼街道功能复合提升，力争将望京小街打造成为慢生活街区，逐步回归成为城市最具潜力的共享空间。**一是从交通属性回归社交场所属性。**传统的街道设计是为了最大程度容纳交通工具，认为道路是为汽车而建的，修补道路是为了保持以汽车为

主的交通顺畅。新的理念发现，街道承担交通职能之余，也是承载城市居民交往与生活较为密切的公共活动场所，已经成为城市最基本的公共产品，很大程度上决定了城市形象特色与市民出行文化。纵观国内外先进城市制定的街道设计导则，街道设计总体朝着以人为本、慢行友好的方向发展。**二是从通行断面设计拓展到全维度空间设计**。原有道路空间改造提升往往侧重原路修建、扩建、整修，缺乏长期性、综合性、统筹性准则，无法让街道焕发生机。街道本身及全维度空间的设计、服务与交流功能应给予同等重视。街道环境与服务品质影响人们行走其中的体验感和参与感，高品质的公共空间能够营造充满活力的公共环境。

功能定位是做好规划建设工作的重要前提和关键节点，科学地确定功能定位需要系统梳理地区资源禀赋、准确把握存在问题、找准发展优势和方向。经分析，**望京小街的资源禀赋**：望京小街所在的望京街道，是高速发展的国际化城市片区。14 公顷的管辖范围内，社区人口近 30 万人，其中外籍人士占比全市最高。辖区内拥有奔驰、西门子、卡特彼勒等六家世界五百强，美团、阿里等头部科技企业总部，年均创造税收近 40 亿元。**望京小街存在的问题**：望京小街原有环境杂乱，路面铺装老化，设施相对陈旧，环境质量问题；原有道路秩序缺乏有效管理，存在秩序管理问题；供需错配问题，缺乏统一的品牌规划和体系性的业态组合，文化活动与设施缺乏。**望京小街的发展优势和方向**：跨国企业的经济张力，带来年轻科技产业人口的对城市宜居公共空间、类海外环境和高品质商业街区的需求。望京小街需要通过充分利用和挖潜街道空间，优化街道功能，将街道建设为社会、经济与商业的综

合体，鼓励街头活动，提升商业场景和生活便利，最大价值缝合两侧近 50 万平方米体量的综合社区，将人口聚拢在一起。最终确定望京小街改造的定位：社会资本主导城市更新和街区改造的典范、特色商业和文化街建设的典范、国际人才社区建设的典范、城市精细化管理的典范、智慧交通的典范（图 4 ~ 图 6）。

1. 设计创新

万科时代中心·望京的更新改造希望在保留其原有商业活力和场所精神的同时，重塑景观环境、提升商业品质、并通过引入现代产业办公给予其自身可持续发展的能力。

建筑改造包括半围合型的 A、B、C、D 四座建筑，结合原建筑特征，对建筑形态和外立面作改造提升。位于最北端的 B 座有着一个特殊的圆筒造型，它地处地块的转角，衔接着城市主干道望京街和商业气氛浓厚、尺度宜人的望京小街，设计师采用了"左拥右抱"的造型，配合优雅的外立面照明，成为两条不同属性街道的自然过渡。B 座首层结合了大堂与咖啡、烘焙商店，使每日上班的人群都能穿越咖啡和面包的香气。再加上木质感的格栅和暖调灯光，共同营造了既温暖又振奋的氛围。B 座两侧的 A 座和 C 座是均好而灵活的商业写字楼，拥有尺度宜人的大堂空间，充满活力的开放式茶水间，和略带酒店腔调的高品质卫生间环境。东侧 D 座被打造为一个融合商业、展示、办公功能为一体的"超级独栋"，被形象地称为"望京眼"。

在望京小街步行街街口邀请以色列艺术家设计了"望京之眼""凤舞游龙"，向人们呈现将空间转化成地标的世界级艺术项目，并提供开创性的整体化艺术与设计方案，强化了内外的沟通，将原本城市封闭孤岛转变

图 4　望京国际商业中心更新前后

图5 大中电器更新改造前后

图6 中庭改造前后对比

成一个连接各个公共空间的步行网络空间。"望京之眼"融合了北京40年来城市规模发展地图、气温变化图以及风力变化曲线图等数百万个城市更新大数据，通过数据可视化展现了这座城市的繁荣与发展。"凤舞游龙"引用了中国的传统、文化与神话元素，以蜿蜒的线性结构布置形式，引导游客跟随它的指引与色彩前行，让人们参与到与艺术品的互动中，让我们在平凡生活中，享受这一短暂、欢愉的体验时刻（图7、图8）。

150米长、50米宽的中庭是城市稀缺的公共开放空间，改造对标象征城市文化共融体的Bryant Park、洛克菲勒中心、三里屯太古里等，研究空间尺度、设计，以及运营场景，明确中庭的空间格局和匹配的运营定位，同时，通过分析人流方向和商业动线确定庭院的位置和尺寸。中庭地上创造休闲放松、安静舒适的艺术广场，人们可以坐在台阶上享受午后阳光，寻找办公灵感，也可以晚饭后坐在木平台上乘凉。下沉庭院通过简化固定设施，预留灵活的运营空间和场地，为承接不同的活动内容提供可能：大庭院定期举办音乐市集等商业活动，中间天窗下预留小舞台，天气不好的时候仍然

图7 望京小街公共空间与商亭

图8 艺术装置"望京之眼"

可以举办活动，小庭院结合艺术展厅可以承载文化分享会、艺术沙龙等活动，设置了大台阶看台。

380 米望京小街的改造参考法兰克福的采尔街、科隆希尔德街等国际著名的商业街，将街区划分成国际文化活动发布平台、国际文化交流活动展示舞台、互动生活广场、国际风情市集区、交通功能组织区 5 个功能区域丰富街区活动内容。通过"缝合式"空间设计手法加强两侧动线联系，同时专门增设了 40 盏舞台灯布置在小街两侧，变幻不同运营场景和舞台场景，夜晚形成绚烂多彩的商业氛围，打造夜间经济新地标。同时，征集了周边居民和众多望京工作的国际友人和商会的建议，加入了中、英、德国际三语标识、立式商业店招和广告灯箱、欧洲特色小料石铺装、融入了德国元素风情商亭、引入柏林熊、五月树等等国际文化元素，进一步提高国际商务文化氛围。

2. 技术创新

"望京小街"项目自 2020 年 8 月 8 日开街以来，运营成效显著，联动商户自治管理，数字运营成效显著，借助望京之芯智慧平台，实现商户、顾客的互联互动。

（1）垃圾分类：落实《垃圾分类服务规范》，实现垃圾分类"可溯源、可视化"，投入 73 万元改造 270 平方米老旧垃圾房，垃圾指标与商户经营的到店客流数据、外卖订单数据、能耗数据形成经营画像，累计收运垃圾总量 6651 吨，餐厨垃圾总量 3667 吨。

（2）智慧停车：落实《智慧停车服务规范》，实现"全时利用、分时共享"，进行全车位线上管理、全时段资源利用。解决综合住区车位分时共享难题，停车位共 1027 个，累计车流 165 万辆，日均入场车次 1718 车次，日均出场 1648 车次，日均停放 562 车次。

3. 模式创新

2019 年以来，在北京市朝阳区政府支持下，望京街道办事处与万科达成共识，共同出资并开展望京小街商圈空间更新和业态升级共建工程。双方于 2020 年 6 月 10 日签署《合作共建框架协议》，空间更新范围涵盖步行街改造及运营、中庭广场"望京坊"改造及运营、停车场及地下空间改造及运营等。

为了更好推动商圈改造和商圈管理，望京街道办事处与万科共同发起并设立了望京小街管理委员会。万科在管理委员会的委托授权下，精心设计并精细化运营商街，经过双方共同打造，望京小街成为朝阳区特色商业

步行街，望京小街先后被评为北京市 2020 年度十大城市更新示范项目，2021 年度北京市十大最美街巷。

在望京街道办事处的指导支持下，万科针对老旧商圈普遍面临的多业权管理、设施设备老化等现状，出资改造垃圾房、排油污体系和停车系统。出台垃圾分类、垃圾房管理、餐饮商户后厨卫生标准化措施、智慧停车系统等，带动周边商圈活力、街区治理水平得到稳步提升。

2023 年 3 月 1 日，望京街道办事处与万科根据《北京市城市更新条例》，就双方在望京小街街区改造、商业步行街运营、街区精细化治理和商圈文明自治等方面进行共建合作，签署《望京小街共建合作协议》。望京街道办事处作为一级政府代表、万科作为城市更新参与主体、民营企业代表，由望京街道办事处委托并授权万科，与街道办事处共同设计、实施、运营望京小街商业步行街、街区精细化治理和商圈商户文明自治等项目。

党建引领，多元共治。以望京小街党建协调委员会为平台的"三驾马车"，将产权方（企业）、管理方（职能部门）、使用方（商户、居民、消费者）等各类利益群体纳入统一的组织体系，通过确定各方利益诉求，营造共同愿景，构建利益共同体，通过各项具体政策的探索、调整、出台和落地，让不同利益群体的需求得以实现、获得感得以提升。望京街道建立小街党建协调委员会，会同万科、方恒共商改造治理、产业提升的更新理念，认同改造的意义和价值，达成共建共享的基本共识。组建商户自治联盟，维持小街的公共安全、公共秩序、防暴防恐和公安等治安秩序。协同阜荣社区、沿街商户，共同制定《望京小街街区文明公约》，构建小街文明治理价值观，并进行德文、英文翻译，向国际社区传递文化价值。

4. 运营创新

万科时代中心·望京项目通过街区焕新带动消费活力，吸引新产业入驻，推动片区经济能级跃升，助力数字经济聚集。汇聚 Keep、北控、盖娅、新美、有书等 7 家独角兽、上市 / 准上市企业入驻小街，资本估值 732 亿，推动地方级和区级收入倍数增长，单位面积税收指标显著大于中心城区。

商业业态丰富度提升，全球特色餐饮品牌聚集，带动商圈整体销量翻番。改造前后方恒月均销售额提

升47%，万科时代中心月均销售额提升60%。服务形态覆盖新消费/新时尚场景：直播互动平台涵盖文化体育、音乐、游戏声优、动漫；年轻化、科技底盘、创业基因、成长性强；90后集聚望京小街，占流动人群的84%。通过规范餐饮服务，吸引牛排家、提督、隐厨3家黑珍珠餐厅，餐饮多样性提升11%，国际餐饮多样性提升200%。

科学规范全周期商业服务运营，促进商业服务高质量发展。进一步丰富城市更新后的服务内容，优化服务流程，规范全流程商户服务（招商—入驻—服务—退出—服务评价）和客户服务（导引—智慧停车—服务—服务评价），街区服务和管理负面问题的投诉和关注下降80%，社区满意度从2019年排名15位，2021年上半年跃升为第一位。

● 更新效果

城市活力极大激发。 经过改造，小街的城市活力日益增强。特别在项目运营过程中，强化活动策划，坚持月月有主题、周周有活动、天天有精彩，从美食品鉴、特色市集、时尚大秀到艺术展览、文明实践，近20场特色活动受到大家广泛好评。北京国际汉堡节吸引了4万余外籍人参与；北京国际设计周的主题展览圆满结束；北京时装周闭幕大秀完美收官并签约小街作为固定发布会场；"走进德国，点亮朝阳"活动让代表中德友好交流的"柏林熊"正式入驻望京小街。开街后，月均公众文化活动天数由9.3天/月提升至21.5天/月；工作日、休息日日均人流由4783人次、4428人次，分别猛增至15436人次、20844人次，累计客流超过150万人次、销售额超过5800万元，环比提升37%。新增企业228家，包括盒马鲜生、牛角村等品牌企业及北控城市发展、唱吧科技等企业总部。

群众体验不断升级。 经过改造，小街周边群众城市生活的便利性、多样性、宜居性均有较大提升。以申德勒西餐厅为代表的一系列新型、中高档餐饮的入驻，满足了更多元的餐饮消费需求，提升了餐饮的国际化程度。原有的机动车停车位不足、非机动车停车不规范问题得到了有效的缓解。借助分时停车制度和科技系统支撑，小街机动车高峰期停车效率从170辆/小时增加至369辆/小时。同时，小街绿化品质与环境

友好度低的问题，也通过改造得到了大幅提升。2021年6月，小街商圈"12345市民服务热线"诉求解决率、满意率分别达到97%、99%，较2019年年底分别提高46个和49个百分点（图9、图10）。

社会评价热点频出。 经改造，望京小街成为备受关注的热点区域。《2022年北京市人民政府工作报告》提倡推动望京小街等社区和街区更新模式。2022年7月12日，望京小街改造提升作为北京城市更新最佳实践项目荣获表彰。荣获"2021年北京最美街巷"。

图9 望京小街的公众活动

图10 望京小街的日常

老菜场市井文化创意街区

供稿单位：西安城门里商业运营管理有限公司

项目区位：西安市碑林区建国门信义巷 5 号

总设计师：全建彪

项目团队：西安城门里商业运营管理有限公司

投资单位：西安城门里商业运营管理有限公司

设计单位：西安易墨室内设计有限责任公司、四川景虎景观设计有限公司、西安合造建筑设计咨询有限公司

组织实施单位：西安城门里商业运营管理有限公司

施工单位：陕西华亿隆建筑工程有限公司、陕西华富源建筑工程有限公司

设计时间：2019 年

竣工时间：2021 年

更新前土地性质：划拨工业用地

更新后土地性质：划拨工业用地

更新前土地产权单位：西安市平绒厂、陕西秦岭航空电气公司西安分厂、中共陕西省委机要印务中心、陕西省省
　　　　　　　　　级机关建工路办公区服务中心、个人产权

更新后土地产权单位：西安市平绒厂、陕西秦岭航空电气公司西安分厂、中共陕西省委机要印务中心、陕西省省
　　　　　　　　　级机关建工路办公区服务中心、个人产权

更新前用途：综合小市场、仓库宿舍等

更新后用途：多元化商业（餐饮、文创、工作室、摄影基地等）

更新前容积率：1.5

更新后容积率：1.55

更新规模：15,000 平方米

总投资额：人民币 3300 万元

● 更新缘起

1. 项目简介

老菜场市井文化创意街区位于建国门东南城墙脚下，地处钟楼、南门大商圈、建国门、顺城南巷黄金地段，与西安城墙、张学良公馆、高桂滋公馆等历史闻名古迹毗邻而立。目前，商业营业面积超15000平方米，项目由8栋楼组成，呈现出一街、一巷、一组团、一院落的整体布局（一街指顺城南巷东段4/5/7/8号楼，一巷指信义巷6号楼，一组团指信义巷1/2/3号楼、一院落指建国五巷21号院）。

项目由西安城门里商业运营管理有限公司进行升级改造并运营。项目2019年底开始设计改造，2020年正式开街运营，迄今已有三年时间。以"市井文化创意街区"为定位，打造集西安"城墙旅游微度假"、市井人文生活、城市休闲商业、文化旅游等为一体的综合性片区。

2. 老菜场的前世今生

历史上这个片区曾是西北局旧址和陕西省委早期所在地。

20世纪50年代，这里更是承载着西安一代人的集体记忆。西安平绒厂，彼时的平绒厂是全国四大平绒厂中西北最大的一个，引领着当时的时尚潮流，因为要生产服装所需的材料，所以这里经常上演时装秀表演，吸引着男女老少前来（图1）。

近二十年来，随着城市的大规模建设，新区范围不断扩大，拉大了城市骨架，原有的老城区日渐凋零，尤其是城墙的"一环"内，呈现出老龄化、空心化的衰败局面。曾经引领时尚风潮的平绒厂在历史舞台中谢幕，被改建为一个集蔬果、肉类、水产、餐饮、百货等为一体的大型综合农贸市场，为周边近10万居民提供日常生活需求的支持。

建筑是活着的城市历史，如艺术史学家阿罗伊斯·李格尔所言，它们属于"非有意创造的纪念物"，墙壁的斑驳和风化是它们的勋章，陈旧和古典是它们的气韵。

然而只拥有岁月的魅力是远远不够的，这片土地在面对新时代的审美风格和周边居民日常生活功能需要时，已经黯然失色。如何为这座千年古城注入新鲜活力，保护好曾容纳与庇护我们的老地老景，留存着一代人的"乡愁承载地"，原有的空置、废弃、失去功能的老厂房、老仓库、老建筑升级改造势在必行。

彼时作为建筑师出身的全建彪，因为一次偶然的机会，唤起了对复兴西安老城墙的热情。2017年端午节那天，他领着孩子在城墙上骑自行车，经过东南城角的时候，望见了脚下的省委三号院和已被废弃的平绒厂厂房，距离城墙近在咫尺的地方，却如此荒废，真的是"灯下黑"。要是能够借鉴以往"西安老钢厂"这种城市更新手法对这片区域进行改造，对这片区域乃至整个西安的发展意义重大。

老菜场市井文化创意街区正是在这样的环境下，围绕着建国门综合市场，包括建国门顺城巷以东和信义巷两侧的沿街商业用房，以及楼上的建筑空间，在以**"保留原居民原有生活状态"**和**"保持菜市场的市井风貌"**前提下，依托菜市场自身的日常生活气息及传统市井当地文化属性，将精品民宿、主题餐饮、咖啡茶室、娱乐健身、教育培训、个人工作室等基础文化旅游产业链资源整合，打造"老菜场市井文化创意街区"，营造与展现"市井西安"的独特魅力，引领东南城角新生活方式。

● 更新亮点

1. 设计创新

（1）空间上的保留与创新

在建筑设计上，最大限度保留原有建筑群主体结构及建筑外部形态，如保留老旧厂房原有斜面建筑格局、楼梯间、墙面、闲置配电室、房屋椽木结构等等上个时代发展的斑驳印记，保留一代人的城市记忆；

在空间美学艺术打造上，对老建筑进行艺术手法的创新，将信义巷、市井天台等多处墙面注入时尚艺术涂鸦元素，激发老旧建筑独特魅力，让艺术融入生活。

（2）重新规划游玩动线

团队基于自身的建筑专业背景与文化创意园区的运营经验，对空间进行细致研判，在立体规划上，通过增设天桥、连廊、户外楼梯、

（a）

（b）

图1　老菜场前身平绒厂时期开展的活动

图 1 老菜场原有老城区时的活动（续）

空中广场等方式，创造"有机"人流动线体系，让"可逛性"发挥到极致。曾经闲置的空间经过改造，转换成饶有趣味的优势空间，串联起老菜场里分散的旧厂房，丰富四方游客游玩体验。

（3）空间最大限度合理利用

在空间利用上，对项目本身工业厂房及周边限制区域空间进行多方调研，挖掘开发了大量如屋顶、死角等很难利用的闲置空间，将闲置的工业厂房及民房户外露台，通过合理改造摇身一变，成为老菜场著名的"8大天台"打卡点及消费聚集地，唤醒城市活力；

将闲置的厂房楼梯间，以城市美学艺术的手法打造成为老菜场T美术馆，让老菜场的文化氛围愈加浓厚。这里成为老西安记忆、老菜场前世今生、城市美好生活"微展厅"，开启对美好生活的新向往。

（4）保留原有居民习以为常的生活方式，又引入新业态

保留陕西特产、小磨香油、新鲜肉铺等生活用品店，留住原有周边居民习以为常的生活状态。同时又针对综合市场业态功能进行合理补充，引入特色美食、文创零售、小资咖啡、酒吧、摄影工作室等业态，让四方游客尽情地享受城墙脚下惬意及舒爽新生活，形成了一个原住民日常消费生活与商业消费客群、游客互动共处的有机环境。

（5）再造新场景，打造新地标

秉承"微更新，轻改造"的理念，老菜场深入挖掘这片土地的历史文脉，延续城市肌理，再造城市游玩场景，营造老菜场新地标。

在未来者广场，一座太空舱是一座千年时空对话的"城市微展厅"，传承着古与今、传统与时尚的流动变幻，成为一座城市的新地标。

在2号楼黄色大台阶，利用高饱和度的黄色大台阶，将视线及人流成功地引导至建国门菜市场的楼上——市井天台，将动线融会贯通，将"不便"巧妙的变成了"有趣"（图2）。

2.技术创新

老菜场在改造的过程中，充分考虑到街区白天和夜晚呈现的效果。在夜晚，借助夜间灯光亮化系统及夜间街区氛围提升等手段，重点打造太空舱、顺城巷街区、露天天台等特色景观/网红打卡点，用霓虹灯光点亮夜色。

同时，在建筑外立面设计上，充分尊重当地市井文化属性。信义巷灯牌采用独具市井烟火气息的霓虹灯光装置，各色装饰及灯光氛围表达着老菜场前世今生的故事；街巷两边随处可见的树挂灯光，地面灯光，景观及装置灯光，各式各样的灯光交错运用，营造街区灯火辉煌的整体氛围。

街区移动通信信号良好，Wi-Fi网络全面覆盖；

街区智慧监控系统，全天候无死角实时高清视频监控，多管齐下筑牢街区安全防线，还四方游客一个安全舒适的游玩环境。

3.模式创新

（1）提升自身硬实力，创造游玩新场景

老菜场深度挖掘古城西安当地文化特色与自然历史资源禀赋，通过不断增加游玩基础设施，完善街区灯光亮化工程，创新游玩应用场景等综合手段，不断提升自身硬实力，大力发展城市旅游、市井旅游、城墙旅游、研学旅游等项目，促进多元文化旅游各放异彩的新局面。

（2）打造夜间经济聚集区，点亮夜色

为了满足夜间大众游玩的需要，从餐饮、娱乐到游玩，通过统一招商及运营，夜间商户总占比超过60%。街区夜晚市集营业时间延长至22点，夜间餐饮、文创手工等业态商户营业时间由原来的22点延长至24点以后，而特色的酒吧、KTV、精酿馆等业态经营持续至凌晨3点以后，重点

形成"夜间集市"、"夜间娱乐"、"夜间游玩""深夜食堂"为一体的特色夜间经济聚集区，点亮夜色。

（3）多元化商业业态分布

①老工业厂房、老街巷，周边居民基数大，社区经济属性明显；

②背靠城墙大IP，旅游经济优势突出，服务客户群趋于稳定；

以上特性决定着老菜场客群以**周边社区、城市青年和外来游客**为主，具有明显的社区商业+旅游+当地属性特征。

老菜场在招商方面，积极引进特色餐饮、主题餐饮、文创办公、文创零售、创意办公等多元化业态。目前，老菜场入驻商家140余家：

· 已入驻清吧/精酿/鸡尾酒吧达15家

· 已入驻咖啡甜品店达20家

· 已入驻中餐店/料理/火锅/小吃等40余家

· 已入驻买手店/设计师品牌店/玩具店/精品首饰店近45家

· 已入驻文创类/工作室/摄影机构/婚纱拍摄等业态20家

老菜场独特的创业环境，同样也滋养出了一批主理人在这里创业，**主理人经济时代**迅速崛起，形成"新、奇、特"的业态组合，革新城市的商业内核，紧紧贴合着Z世代个性化的消费观。

（4）文化包容，多元文化活动各放异彩

①持续性深挖"市井+烟火气"文化

老菜场在日常运营过程中，从传统当地文化、主题文化活动、整体品牌调性等方面深挖文化精髓，将"市井文化+烟火气文化"元素植入到活动和文化传播中，让市井融入生活，让生活升华到艺术美

（a）

（b）

（c）

（d）

图2　老菜场改造后

学，从市井烟火气到打造人文社区精神气。

②让新国粹、新国潮等传统文化走进市井生活

从被接受、喜爱，到引领时尚潮流，"新国潮"逐渐化身年轻群体与优秀传统文化之间的纽带；2023 年五一假期期间，老菜场国潮京剧节精彩亮相，让渐行渐远的国潮京剧在传承国粹文化基础上进行恰到好处的创新，也让京剧从剧院走进生活，走向人民大众，在国粹文化和传统市井文化相融合中，将其文化内涵和艺术魅力充分彰显出来。

同时，整合品牌活动脉络，打造专属老菜场特色的艺术文化活动；通过非遗集市、非遗表演、非遗研学、非遗体验、非遗科普等形式，开展"文化遗产 + 技艺传承"行动，让非遗文化走近年轻人，让年轻人近距离感受非遗文化的魅力，增强文化认同、坚定文化自信。

③与公益同行，让烟火生活更有温度

与公益同行，老菜场始终秉持"心怀感恩，传递正能量"的理念；积极组织公益活动，不忘初心，坚定步伐，积极奉献，努力回报社会。

以西安市井文化创意特色的旅游资源和可持续发展为前提，依据不同年龄段客群精心打造丰富多彩日 / 夜间活动，2022 年至今，老菜场共开展了近 216 场活动。

未来，在日常运营中将持续打造老菜场特色演艺、老菜场非遗市集、特色主题集市、国潮京剧节、爱心公益、特色展览、天台电影季、音乐节、夜游经济等丰富多彩的活动，将老菜场 Lifestyle 重新解读，让潮流玩

法与传统市井文化融合，为每一位热爱生活的玩家们带来一场全新的游玩盛宴。

（5）社区共生，提升人文关怀的叠加效应

作为西安首家以市井文化为主题的创意街区，最大限度保留了当地街巷原有小商小贩的日常生活风貌，并联合多家企业对周边环境进行整体改造，改善原住民生活品质，提升当地居民生活幸福感，挖掘社区夜间经济增长空间，激发社区商业的活力和潜力（图 3）。

同时，邀请周边居民参与共建，赋予社区居民老菜场导赏员角色，以深度参与，唤醒居民对传播市井文化的认同感、自豪感，将居民文化活动转化成为特色体验内容，化解旅游发展与社区生活矛盾，成为周边居民"家门口全时段的好去处"。

（6）以国际化视角解读市井文化内涵，全面助力新地域主义

基于传统文化 + 时尚潮流文化 + 商业赋能的创新模式，打造富有老菜场烟火文化 DNA 的当地文化属性；同时，又邀请外宾、外媒深入老菜场，以国际化视角，一起探索市井文化内涵，将"国际化"与"在地性"完美融合。

● 更新效果

1. 引领城市风尚

老菜场市井文化创意街区以市井文化赋能、历史传

（a）　　　　　　　　　　（b）　　　　　　　　　　（c）

（d）　　　　　（e）　　　　　（f）　　　　　（g）

图 3　多元文化活动

图3 多元文化活动（续）

承和场景体验为发展脉络，不断完善特色餐饮、休闲娱乐、文化体验、零售服务、生活配套多元化业态布局，实现"吃、游、购、娱、住"为一体消费闭环。自2020年开街以来，殊荣不断，被国家住建部确定为**全国首批城市更新示范项目和典型案例**，并先后荣获陕西省规划设计一等奖、西安市夜间经济示范街区、西安市2023年醉年味商业街区等多项荣誉称号，引领城市风尚生活，点亮城市新名片。

2. 吸引媒体关注

这里是代表西安城市形象的首家市井文化体验空间，城区内人文旅游目的地，也是首家以"旅游＋文化"为主题、以个体创业者为重点孵化对象的市井"双创"街区。

作为文化创意产业街区，在财经频道、陕西政协、陕西日报、无限陕西、西安电视台等省市级媒体平台中多次曝光展示，2021年央视2套"消费主张全国魅力街区"对于项目进行全方位报道。

2023新春佳节期间，CCTV-1综合频道点赞老菜场创新消费场景，释放新魅力创新消费新场景；元宵节期间，新春民俗玩法和时尚潮流玩法相互融合的创新玩法，焕发城市活力。

3. 促进经济发展

西安首个极具本土生活的市井文化创意街区，打造集创业孵化、产业运营、创业培训和投融资服务于一体的创客文化群体，为入驻创业团队提供办公载体、流量加速、创业辅导、资源匹配等创业支持，吸纳140家企业入驻。

同时，带动周边大学生、就业困难群体就业达31220余人，2022年度西安老菜场文化创意街区销售突破亿元，助力区域经济发展。

4. 激发老城活力

历经3年的微更新与轻改造，这片曾经破旧的菜市场及周边，已然成为"内外兼修"的西安文化地标——兼具市井生活、时尚与艺术气息，以新风貌延续着西安老城的记忆。

作为老城区内城市更新的标志性项目，老菜场成功激活了西安老城区的生命力，将曾经的西安城墙"灯下黑"转化为如今的万家灯火，激活城市个体的记忆和情感，让人们能够回到城里，把城墙边的旅游资源和历史文化展示给全国各地。而这，也正是城市更新事业的真正内核——即在城市的发展中，把空心化的区域以"微更新，轻改造"的形式活化起来，将城市的个体力量与人文精神链接起来，营造市井烟火与人文艺术的城市公共文化生活聚场，实现：城市，让人们生活更美好！

未来，老菜场将继续深入挖掘当地地域文化内涵，在运营过程中巧妙融入传统历史、市井人文、国潮文化、民俗文化、非遗传承、时尚潮玩等特色元素，通过公共服务设施、美陈装置、灯光效果、打卡景观、演绎艺术体验、IP文创产品开发、特色工艺藏品销售等多元化业态服务，拉近与当地居民的日常生活紧密度，让这里继续焕发活力。

同时，也将继续着眼于城市发展新应用场景，积极探索新形势下的全方位、立体式、多元化游玩模式，致力于以辐射3～5公里范围为半径，实现空间运营的扩建及升级改造工程，带动周边经济的融合发展。老菜场也将和顺城巷周边特色项目携手一起积极探索更多元化的文旅融合之策，共同点亮区域性文化中心新亮点。

光影中山路
——青岛中山路历史街区数字化改造工程

供稿单位： 山东金东数字创意股份有限公司

项目区位： 山东省青岛市市南区中山路片区

投资单位： 青岛海明城市发展有限公司

设计单位： 山东金东数字创意股份有限公司

组织实施单位： 青岛市市南区政府

施工单位： 山东金东数字创意股份有限公司

设计时间： 2022 年 3 月

竣工时间： 2022 年 7 月

更新前土地性质： 商业用地、综合用地等

更新后土地性质： 商业用地、综合用地等

更新规模： 51 万平方米

总投资额： 人民币 300 亿元

总设计师： 黄倩

项目团队： 张嘉霖、杨楠、方江、苑宪磊、孟琳、邬佩梁

● 更新缘起

一条条老街区，承载着几代人的记忆，传承着老城区的历史文脉。于青岛而言，市南区作为主城核心区，承载着青岛发展的"前世今生"。而在市南区，中山路的存在，更可以看作青岛发展的"根"。作为青岛城市文化的根与魂，历史文化街区记载了城市发展的历史和过程，也承载了城市的传统生活文化，体现着城市的魅力和特色，更是推进城市更新行动的重中之重。

2022 年初，青岛召开城市更新和城市建设三年攻坚行动动员大会，中山路区域作为城市更新建设的主战场之一，一直以来备受关注。作为青岛未来规划部署的关键一环，在城市迅速发展的大背景下，承载着青岛城市文明烟火的中山路，综合了生态环境、经济发展、文化历史等多种自然人文要素，实现了老城区的再发展和再振兴，在城市更新和建设中，中山路片区正成为一个老城区复兴的样本。

老城区城市更新改造是提升城市品质、焕发城市活力的重要抓手，是重大民生工程和民心工程。以市南区中山路区域为主的历史城区保护更新工作，是青岛面向未来谋划部署的一项历史性工程。金东数创凭借"文旅 + 科技"的融合创新模式，利用科技创新助力中山路的老城更新，提升中山路街区时尚漫游度，

用创意重塑老青岛经典潮流地标，打造新场景，探索老城更新与文化旅游科技融合发展新模式。

● 更新亮点

1. 设计创新

青岛市南区按照 5A 级景区标准打造中山路区域保护更新典范，中山路区域是城市更新的主战场，是最值得挖掘内涵、重塑更新的区域。金东利用"中山路数字化改造"项目，助力市南重塑产业与空间关系，重聚历史城区人气，让历史城区成为更具深刻内涵的"文化客厅"。

在以中山路区域为主的历史城区保护更新项目中，金东将把青岛中山路打造成"城市历史街区元宇宙"，以"地标建筑 + 文化创意 + 数字科技"的形式，连接历史与当下，架设起一座人文与现代的沟通桥梁。充分运用数字孪生、大数据、AR、MR、立体沉浸等技术，在线下打造沉浸式餐秀、夜游、市集、演艺等体验项目，实现"街区街道 + 高科技多媒体 + 活动巡游"，延长游客停留时间，提升复游率。线上打造虚拟城市景区，实现线上预约购票、线上购物、线上游览等智慧功能。全部完工后，市民不仅可以欣赏到夜晚变幻多姿的中山路街景，还能通过手机 app 或者小程序，体验虚拟导游陪伴服务（图 1、图 2）。

图 1　青岛天主教堂改造后

图 2　青岛小嫚 4.0 版

金东数创还打造了青岛文旅代言人数字人青岛小嫚、全网传播量超 3 亿的青岛电视塔 AR 光影秀，通过数字人青岛小嫚深度陪伴游览、AR 优质短视频、MR、XR、裸眼 3D 等线上线下相结合的手段，激发协同效应，复活了整个历史文化街区，让这条沉寂了 15 余年的老街焕发了勃勃生机，客流量实现了 10 余倍的增长，带来了巨大的社会效益和经济效益。AR 秀、数字人、光影秀等形式形成协同效应，让青岛中山路成为"流量磁石"，也让青岛城市文化成功出圈（图 3 ~ 图 6）。

2. 技术创新

金东为中山路量身打造"光影中山路"项目，无论是天主教堂投影秀夜游、百盛裸眼 3D 大屏还是中山路城市记忆馆开馆，AR、MR 等均作为核心技术手段被运用其中，以可视化的数字技术为老城区赋能，使文化和历史"可视化"的同时，老城区更显时尚、现代，收到了良好的成效。此外，金东采用动态捕捉、

裸眼 3D 等新技术手段，通过 AI+AR 技术带来的超现实虚实融合景观，与现实世界叠加，打造差异化的视觉体验和趣味参与，提升用户体验，形成独特的吸客能力。

在中山路街区打造的裸眼 3D 大屏，总高 27 米，长 50 米，面积超过 1400 平方米，是目前北方最大的裸眼 3D 曲面大屏。在天主教堂的巨大楼体上运用 3D 投影技术，通过计算机图形学中的平行投影和透视投影的方法，叠加运用裸眼 3D、14K 分辨率投屏等多种科技手段，在巨大楼体上显示三维物体，让丰富的视觉画面打破物理空间，实现楼体与数字内容的完美融合，产生强烈视觉冲击力。创作过程中，金东数创不单单是给建筑披上"新衣"，还特别把光影秀与青岛本地的特色元素相结合：海洋是一个亮点，所以鲸鱼仿佛盘旋在空中。另外浙江路教堂那里还是一个浪漫的圣地，围绕这个主题，金东数创利用四季常开的花朵、

图 3　百盛广场改造前

图 4　百盛广场裸眼 3D 大屏改造后

图 5　青岛天主教堂改造前

图 6　城市记忆馆内改造后

常春藤等元素，打造出一个海誓山盟的主题，配合教堂浪漫、圣洁、艺术的形象，烘托出现代时尚审美的整体调性。

在城市记忆馆一层，金东以上、下、前、左、右五面屏幕，打造360°视觉立体包裹的沉浸式影院，呈现裸眼3D和空间穿梭的奇幻效果，全方位展示中山路及其周边老城区的肇始、发展以及市民生活、风俗习惯的演变。

在金东特别打造的立体影片中，游客跟随市南区精心打造的主题影片，如同自由飞翔的小鸟般，一会儿于空中俯瞰老城的山和海，一会儿在地面上目睹中山路周边各种知名建筑拔地而起；一会儿置身里院领略老城烟火，一会儿漫步栈桥上空感受老城的灯火辉煌……唤醒每个前来参观的"青岛人"的集体记忆，彰显城市文化。

在负一层，金东通过重塑20世纪80年代的复古公交车，打造历史老街沉浸式光影车厢，创新性打造虚实结合的新型沙盘。屏幕做成了车窗样式的，别具一格，通过扭动互动控制器，屏幕外的建筑展示、介绍信息及年代均会变化。中山路上充满历史感的建筑依次变换，不同年代的商业发展历史栩栩如生地出现在参观者面前。

除此之外，金东还利用馆内陈列柜或展示墙的文字、图片作为数字活化点，如鲍岛村旧影、城市规划图、瑞蚨祥、春和楼等，搭配MR数智魔镜、手机AR识别，实现静态实物的数字信息叠加，打造虚实结合的体验方式。金东为这些数字活化点设计并制作了三维模型与历史资料视频，让游客通过虚实结合的方式，拓展了解青岛的历史肌理。

除此之外，金东数创还打造了肥城路跨街亮化和银鱼巷亮化提升。以肥城路及天主教堂作为画面基底，加以星空、云朵元素，将一幅光影"星夜"展现在中山路上。用节能灯带，塑造10多组星云造型，像是夜空中的星团。游人漫步其中，美不胜收。在原有宁阳路亮化基础上，配置了特效大屏、轨道投影、赛博朋克风格的艺术装置等5处氛围亮化装置，将银鱼巷年轻酷炫的风格延续至街角巷尾（图7）。

3. 模式创新

凭借过硬的数字技术和对中山路历史的精准挖掘，金东将中山路上一个个承载了深厚历史的青岛地标性建筑物赋予光影改革，发展出新时代的全新意义，让人们在探索与深度体验中了解中山路历史，让老城区再次活起来。金东"光影中山路"项目，在保持中山路老建筑的原真性和整体性的基础上，又兼具可读性和可持续性，既做到了文化遗产的"延年益寿"，又彰显了它的历史年轮印记，标志着青岛市城市更新行动初显成效。"光影中山路"项目为青岛老城区导入新兴业态，打造"老建筑+新消费""旧里院+新经济""原场景+新体验"的业态场景，后续陆续开街的宁阳路"银鱼巷"、大鲍岛、栈桥等地

图7　星空团改造后

图 8　城市记忆馆外墙光影秀改造后

图 9　城市记忆馆外墙改造前

标，也将再次带来不同的惊喜与体验，以数字创意激活城市文化，推动人流向历史城区"回潮"，产业向历史城区"回归"（图 8、图 9）。

在历史城区保护更新过程中，在坚守历史遗存的同时，金东通过深入细致的文化挖掘，极具创意的现代化表达，实现了对青岛城市历史文化的创造性转化和创新性发展。在百盛、天主教堂等地上演绎的"光影中山路"项目，上演传统文化与现代科技交融的视觉盛宴，成为引爆旺季流量的重要支点；利用修复后的历史建筑打造的中山路城市记忆馆等，可场景式体验青岛发展的历史脉搏，是传承历史文化精粹的重要承载地，提升了城区人气指数，塑造了更为开放、艺术和人性化的历史街区。

通过征收＋收购＋返租＋留居的方式，实现房屋征收工作；统筹区域产业大规划大运营，推动区域投、建、招、营一体化保护更新；培育打造 20 家以上时尚消费新业态项目；推动 5 家老字号企业转型升级。

4. 运营创新

将银鱼巷整体区域交由专业运营方来负责后期运营及定位宣传，由平台公司出资建设，运营方专业运营。

● 更新效果

中山路百盛户外裸眼 3D 大屏，不仅在现场引得无数游客驻足，更是霸屏各大社交平台，抖音同城榜热搜"打卡青岛裸眼 3D"连续 3 天占据榜单第一，流量达到 850 万次，这一中国北方最大的裸眼 3D 大屏，

正以前卫的表现手法和带有本土风格的奇幻内容为大众呈现一个全新的青岛，更为青岛夜经济发展带来了新的诠释模式。

城市记忆馆开馆即"出圈"，上榜 2022 国庆节假期山东十大热门景区，甚至吸引青岛小哥黄晓明前来打卡。通过虚实结合的沉浸式光影巴士，再现百年老街的历史沧桑和发展变迁，为大众带来差异化的视觉体验。根据统计，中山路城市记忆馆最高峰时期单日客流量可达 1200 人次。不仅吸引了众多"老青岛"前来怀旧、中小学生前来研学体验，还成为小红书、抖音等年轻社交平台中的热门打卡地。

中山路自 2023 年 7 月 22 日开街十天之内即累计吸引市民游客约 70 万人，周边商超营业额比以往增长约 30%，巅峰时期增长约 66%，周边餐饮企业营业额成倍增长，中山路的银鱼巷及天主教堂区域再次成为年轻人的社交聚集地和网红打卡地，中山路重新成为青岛人气最爆棚的街区。

在媒体报道方面，改造成果广受大众好评，得到众多新闻媒体关注。人民融媒、中国日报网、中央广播电视总台国际在线等央媒发文进行了专题报道，登上"学习强国"APP。大众网、齐鲁财经、《青岛日报》《青岛早报》等山东青岛本地媒体对主创人员进行了多次专访，青岛新闻网、蓝睛新闻、青报观象山、信网等多家媒体对该项目进行了多次多角度宣传。

该项目荣获文化和旅游部资源开发司组织的第一批全国智慧旅游"上云用数赋智"优秀解决方案、中国旅游研究院（文化和旅游部数据中心）发布的"潮品牌新势力——2022 中国旅游创业创新精选案例"、

新旅界"文旅风尚榜—2022数字文旅标杆项目"等荣誉（图10～图13）。在中国旅游研究院的颁奖词中写道：

"青岛是历史文化名城，拥有中山路、八大关、崂山、青岛啤酒等文化遗产，也拥有海尔、海信、双星等现代制造和数字科技品牌。青岛还拥有完善的基础设施、公共服务、商业环境和高品质的旅游服务。在中国旅游研究院主持的全国游客满意度调查项目中荣获"非凡十年·魅力二十城"第三名。如何讲述新时代城市旅游的经典与时尚，使之成为主客共享的美好生活新空间，并不是件容易的事情。金东数创的中山路数字化转型项目做出令人满意的回答，为全国历史文化街区的维护更新和旅游休闲街区建设提供了宝贵的经验。"

图10 新旅界文旅风尚奖

图11 项目获奖证书

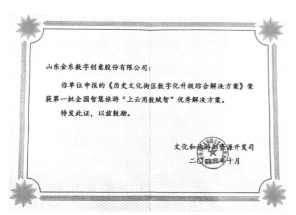

图12 文化和旅游部资源开发司获奖证书

图13 中国旅游研究院获奖证书

中国城市更新和既有建筑改造典型案例 2023

历史保护

百空间卜内门洋行

锦和越界·衡山路 8 号

模式口大街修缮改造与环境整治项目

天津金茂汇（天津第一热电厂）城市更新项目

南头古城

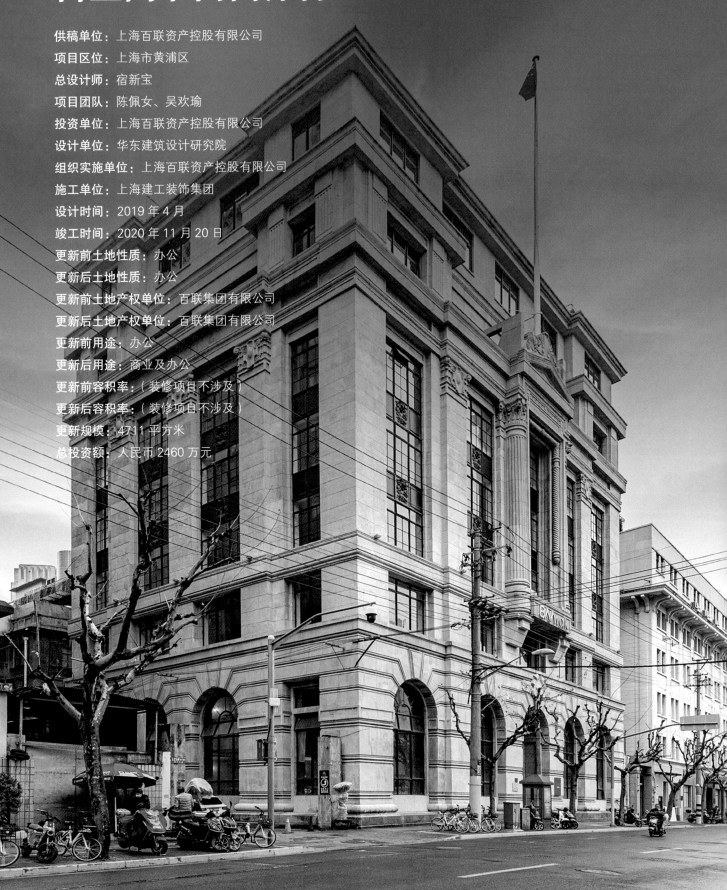

百空间卜内门洋行

供稿单位：上海百联资产控股有限公司

项目区位：上海市黄浦区

总设计师：宿新宝

项目团队：陈佩女、吴欢瑜

投资单位：上海百联资产控股有限公司

设计单位：华东建筑设计研究院

组织实施单位：上海百联资产控股有限公司

施工单位：上海建工装饰集团

设计时间：2019 年 4 月

竣工时间：2020 年 11 月 20 日

更新前土地性质：办公

更新后土地性质：办公

更新前土地产权单位：百联集团有限公司

更新后土地产权单位：百联集团有限公司

更新前用途：办公

更新后用途：商业及办公

更新前容积率：（装修项目不涉及）

更新后容积率：（装修项目不涉及）

更新规模：4711 平方米

总投资额：人民币 2460 万元

● 更新缘起

百空间卜内门洋行（四川中路133号）位于外滩历史风貌保护区范围内，上海市第二批优秀历史性保护建筑。大楼是一座地上7层的钢筋混凝土框架结构建筑，建筑外观带有三段式特征的新古典主义风格。

卜内门洋行始建于1921年，原为英商卜内门洋行办公大楼。新中国成立后，大楼由上海商业储运公司使用，在1956年改名为储运大楼，新华书店总店和上海发行所也曾在这里开设办公。百年时光迎来送往，历史建筑因其特有的建筑风貌、空间特质以及时代更迭所积淀的城市底色与情感联结，成为上海历史的鉴证者，具有不可复制的稀缺性（图1）。

2018年，百联集团旗下百联资产控股有限公司（以下简称百联资控）对其着手更新，通过深刻的市场洞察，精准的客群定位，融汇空间、内容与品牌三位一体，历时18个月将这个项目从一个传统办公老建筑转型成聚焦艺术文化展示为内核的全新空间，为"外滩第二立面"更新注入了全新活力。

项目方结合实际，立足长远，着眼于传承历史，保护性开发的原则，围绕"拆、改、留、修"对这栋在历史中沉浮、充满故事的老建筑进行修缮。在历史建筑的更新中，项目方尤为注重历史价值、资产价值与社会价值的共生（图2）。

修缮后的卜内门洋行在原单一办公功能的百年建筑里集合了收藏级设计家具、艺术展览、新一代时尚品牌；被打造成了集展示型办公、艺术展览、餐厅酒吧、活动空间为一体的高端新零售及轻奢办公空间，构建了高端艺术品牌资源、国际顶级品牌活动、体验空间品牌的生态群体（图3）。

如今，焕然一新的老建筑有了新传奇，更新后的整栋大楼既传承了老建筑的传统之貌，又注入了当代艺术的极简之美，作为一个艺术范儿十足的复合空间，各种展览和高端VIP活动成为贯穿百年空间中饱满的血肉，也形成了一种崭新的文化气象，成为外滩第二立面新晋的旗舰地标。

● 更新亮点

1. 设计创新

历史建筑价值层面，充分挖掘空间特质与历史文脉，其内部区域、功能的重新布局规划，强化了空间产品的涵纳性，实现历史文化在当代语境下的更新与再生。此次修缮设计主要遵从真实性、最小干预、可逆、可读、完整性原则，从建筑风格、内部格局、使用功能和装饰细节等方面着手研究，融合了新技术与传统技术的应用，亦有在修缮过程中二次发现进行重点保护的惊喜。

（a）

（b）

（c）

图1　英商卜内门洋行办公大楼

（d）

（e）

（f）

（g）

图 1　英商卜内门洋行办公大楼（续）

BEFORE

（a）

（b）

（c）

图 2　改造前

AFTER

（a）

（b）

（c）

图 3　改造后

2. 技术创新

（1）新技术的应用

①外立面缺失盾形装饰、橡树花环恢复

原东立面主入口上方盾形装饰及窗下墙的 10 个黑色铸铁橡树花环，因历史原因被拆除。在修复过程中，盾形装饰按历史图纸及照片三维建模复原，橡树花环按南立面原样三维扫描，并均通过 3D 打印母模进行原位验证后，再行浇铸成品（图 4）。

②铁栅电梯围挡复原

原主电梯四周有铁栅花饰围挡，因历年电梯改造，铁栅被砌筑至墙内，缺损严重。修缮过程中使用机械扭转铁条代替历史原物的人工操作，提高工效的同时，高复原度地还原了电梯厅的历史风貌（图 5）。

（2）传统技术的应用

①外墙水刷石墙面清洗及修补

外墙清洁主要采用高压水枪清洗，针对面层污染不同情况调节水压，避免造成二次损伤，对于墙面顽固污染使用清洁剂敷膜清洗。对于水刷石空鼓、裂缝处，检测水刷石原有水泥基地及石子粒径、颜色等配比，以原材质原工艺进行修补（图 6）。

②室内木饰面修缮、重新油漆

原部分楼层木门窗经历年改造，一些门窗已非历史原貌。修缮过程中，对现存历史原物门窗进行木种研判，对样式改动的门窗进行原材质更换，并对历年涂刷的木饰面漆脱漆出白，重做露木纹开放式饰面漆，再现其材质之美，历史之韵（图 7、图 8）。

图 4 铸铁橡树花环修复

图 5 铁栅电梯围挡修复（前、后）

图 6 外墙水刷石墙面清洗及修补

（3）在不可预见中，凸显历史还原的惊喜

①隐藏于后期装饰面层内的电梯金属护栏

在拆除夹层至 5 层电梯井道墙后期加的木饰面板时，发现井道南、北墙原隔墙龙骨内还散落着隐藏在原电梯外围残损的铁艺栅栏历史遗存，于是对电梯厅南、北侧墙铁艺栅栏予以保留修缮，电梯门侧即东侧根据现存实样复原铁艺栅栏（图9、图10）。

②隐藏于后期装饰天花内的石膏天花原物

大楼首层南北两侧办公空间均设有夹层，但原夹层仅加至沿街面后退一柱跨位置，设计进场时夹层已满铺，为实现沿街界面品质提升，尊重历史原貌，决定拆除临东立面一跨的夹层楼板。拆除过程中，在夹层后期加吊顶之上发现历史天花原物尚存，格局俨然，于是将天花原样保留并修缮补齐，以恢复沿街通高空间效果（图11、图12）。

3. 模式创新

通过空间、内容、品牌三位一体，使新的"生命载体"及空间活力汇聚于此，相互碰撞、连缀与共振。卜内门洋行的修缮更新、重新定位以及市场化运作，盘活了存量资产的运营效益，传递百联资控所秉承的"创新改变城市、运营重构价值"的理念与实践。其运营增值同时与资产资本化相互助益，2021年9月28日，国内首单城市更新CMBS（商业不动产抵押资产支持证券）——百联资控城市更新1号资产支持专项计划，在上海证券交易所成功发行，该项目亦是百联集团首单CMBS的底层资产之一。此次CMBS的成功发行，标志着百联集团和百联资控迈出了资产证券化重要的一步。

4. 运营创新

卜内门洋行从不做单纯高投入吸引短暂流量，而是要真正走进人心，让建筑可阅读，让更多人有机会通过多元的形式去感知、去沉浸、去享受、去期待。追求的不仅有历史与美学的外在演绎，更加倾注于人文与艺术的内在气韵。作为一个艺术范儿十足的复合空间，各种展览和VIP活动成为贯穿老建筑空间中崭新的文化气象。在外滩，新与旧之间，当人们漫步街角，不妨去感受一下，内敛又不失华彩的老建筑。

改造升级以来，除了多场顶级奢侈品的VIP高定活动，卜内门洋行还举办了各种艺术展览（如外滩空间艺术季）、时尚活动（如国潮品牌集聚的现象、时装周等）以及在业内有影响的艺术大家巡展，还成为多个热播电视剧及品牌宣传片拍摄取景地。这些都体现了艺术以多元身份对大众媒体和流行文化进行的多元判断与思考，促进公众对全球当代艺术的关注、理解和参与。并将国际的目光引向外滩，使美术馆集结的外滩场域成为多元开放、自由交互的艺术文化社区，与其他邻近的艺术机构一起，成为外滩艺术生态圈的重要部分，使新艺术、老建筑在同一个秩序中推演更迭。所引入的年轻前卫品牌与古老深沉建筑碰撞的冲突感，成为艺术承载最优秀的场所。从香水、家居、餐厅到画廊，一半生活，一半艺术，使其带动周边街区焕发出一种新的艺术活力。

● 更新效果

卜内门洋行连接着周边环境、景观的互动性与共融性，激发片区活力，使之晋升为触手可达的兼具社交场景的发生器及文化空间打卡地。通过提升建筑本体的开放性以及互动性，强化公众参与感，在尊重历史肌理的基础上重唤城市记忆，让人们能够真正走进历史建筑空间，实现建筑可阅读、街道可漫步的目标，充分诠释城市更新的含义及路径。"新生于旧"并不是简单的"修旧如旧"，更要连同它的"历史风貌和社会关系"一同被保护下来，打造社会价值再生的范本。

图7 门（新）

图8 门（旧）

图9 电梯（旧）

图10 电梯（新）

图11 通道（旧）

图12 通道（新）

锦和越界 · 衡山路 8 号

供稿单位： 上海锦和商业经营管理股份有限公司
项目区位： 上海市徐汇区衡山路 8 号
设计单位： 红崛建筑设计咨询（上海）有限公司
组织实施单位： 上海锦和商业经营管理股份有限公司
设计时间： 2021 年 6 月
竣工时间： 2022 年 7 月
更新前土地性质： 科研设计
更新后土地性质： 科研设计
更新前土地产权单位： 中国船舶重工集团公司第七 0 四研究所
更新后土地产权单位： 中国船舶重工集团公司第七 0 四研究所
更新前用途： 科研设计
更新后用途： 办公及商业
更新前容积率： 1.1
更新后容积率： 1.1
更新规模： 47462.8 平方米
总投资额： 人民币约 2000 万元

● 更新缘起

衡复风貌区内拥有众多时尚餐厅、精品酒店、酒吧、画廊、公园、运动等休闲文化配套设施，艺术生活氛围浓厚。南接徐家汇，北邻淮海路，地处2大商圈交汇处，距静安寺仅2公里，紧邻地铁1号线衡山路站、10号线上海图书馆站。周边上海图书馆、上海交响乐团、上海话剧艺术中心、上海书画院等聚集，是上海音乐、话剧、艺术资源最丰饶、最集中的地区之一。

锦和商业经营管理股份有限公司（以下简称锦和商管）签约改造衡山路8号项目，以尊重历史文脉、新老建筑交映、无界开放共生为项目更新理念，在百年光辉岁月之上，再度演绎衡复风貌区的活力与浪漫，将衡山路8号打造成为具有独特魅力的衡复样本。

● 更新亮点

1. 设计创新

设计团队充分理解与尊重项目当地文化，参照地理位置分析、现有建筑风格及建筑条件，赋予衡山路8号全新的设计理念，结合高端商业的入驻，重新塑造衡复风貌区的经典社交与休闲场所。

改造强化了以美童公学为中心的街道界面，协调各边界的建筑语汇，使其恰如其分地融入周边历史建筑的包裹氛围。同时，运用建筑体量的围合与半围合，营造亲切的尺度感与良好的景观通透性，原有空间内的植物被悉心保留。无论是建筑还是景观，每个设计元素都在试图融入空间历史文脉的同时，续写当代故事。

建筑设计上，就项目的文化历史背景开展充分的深度研究，探索以亨利·墨菲所代表的传统复兴风格建筑流派，调研场地遗留的建筑特色、材质特征、历史文脉。依据《徐汇区衡复历史文化风貌区沿街商业业态发展导则》，以轻置入微修补的设计手法，将项目打造为与周边建筑和谐延续的景观设计风格。

设计调整原有"领馆广场"空间（现5号楼）的层高，提升空间纵深感，以充分利用并提升建筑的使用价值。同时设计体现了建筑"虚实之间"的互流互动，以石材为"实"，拼接现代感的材质元素，上部建筑外立面则选择现代、轻盈的玻璃材质作为"虚"，以此平衡建筑体量的厚重感。发掘屋顶平台作为户外延展空间的潜在价值，辅以绿植创造半私密的商业、办公环境。同时拉开新旧建筑之间的对话关系，在5号楼与6号楼之间，人字形半室外走廊和11米宽的间隔通道形成完整回环，辅以局部放大的空间节点，增加扶梯、天桥等细节，让交通流线变得更加流畅、有趣、便于识别（图1~图4）。

室内设计上，借鉴了旧时法式建筑中普遍使用的设计元素，如弧形设计、墙面线条、马赛克拼花等，营造一个国际现代化、温和、有趣的室内场所氛围。所有木纹弧形板选用铝板材质，利用木纹贴膜以达到商业场所室内空间的消防要求。5号楼回廊中运用的特色黑色金属工艺拱廊设计，是经过多方咨询与协商，根据设计节点要求实现的整体半拱形整体设计，细节处创新增加了金属细节工艺，营造出独一无二的室内空间效果，塑造了空间的视觉连续性与节奏感，也让室内空间更加层次分明（图5~图8）。

照明设计上，借由灯光来塑造新与旧两种关系的互相依存与共生，从而从整体角度，让整个项目更具有公共属性，并借由灯光设计体现建筑立面的细节，以及精致的韵律美、空间美。位于项目"角落"的历

图1 拱廊设计

图2 美童公学旧址

图3 走廊改造前　　　　　　　　　　图4 改造后

图5 门头　　　　　　　　　　　　图6 室内改造前

图7 室内空间改造前　　　　　图8 室内公共空间改造后

史保护建筑美童公学水塔，转变为指引方向的"灯塔"，夜间，明亮的"灯塔"映射在水景中，形成一道独特的风景（图9～图11）。

景观设计方面，重点突出了艺术陶砖的运用。水塔广场出地面段人防的包装，采用红砖立面进行包裹，与水塔原有立面及原美童公学红砖建筑融合协调。出于管井排风需求与人防出入口采光考虑，人防立面以

镂空与实体红砖的形式共同构建，镂空部分采用L型定制红砖，人工捶打面层，以无砂浆钢内穿形式固定，实现水塔景观区协调统一的古典红砖立面风格，充分体现了古典与现代工艺相互交织的美。

2. 技术创新

项目整体的设计改造原则遵从场地历史文脉，以修旧如旧的景观设计手法协调了新旧建筑及业态升级

图 9　中庭广场

图 10　园区入口

图 11　室内走廊改造后

带来的冲突和改变。对场地内最重要的历史留存——美童公学水塔进行景观视觉与布局上的核心布置与引入，结合后续品牌发布、展览展陈等活动的植入，将半荒废的历史场地重新赋予生命，转变为精致、高端、开放的场景发生地。

此外，在不破坏建筑本身的情况下打造独特 IP，继续见证衡山路光阴里的故事。围绕时尚、商业、艺术、典雅等主题，植入现代化的材料及设计手法，形成具有强识别性、标志性的场景，打造独树一帜的海派文化景观新地标。灯光与场地的融合，营造浪漫，舒适的氛围，为社区注入新的活力与内容，从而吸引人流。未来这里将成为连接人与文化最高效的物质载体，将建筑、街区等凝固的文化艺术注入时代的活力。

3. 模式创新

衡山路曾在 20 世纪 90 年代因"酒吧一条街"而闻名，其中，领馆广场属于衡山路最繁华的黄金地段，人头攒动，夜生活极为丰富。1999 年 9 月，衡山路被列为"上海市十大专业特色街"之首，迎来了其最辉煌的年代。

但随后，由于交通制约和业态低端两大主要原因，衡山路开始陷入没落。作为城市的交通主干道，衡山路承载的车流量大，为酒吧等开放空间业态带来了天然制约，同时，由于特定的经济社会因素，早期规划的酒吧商业业态不再满足区域的未来整体规划，不符合周边衡复风貌区高雅、人文、静谧等街区调性。

建筑是可阅读的，街区是适合漫步的，城市是有温度的。衡山路东西两端逐渐兴起，得益于开放、轻松、惬意且适合漫步的公共空间以及复合型商业新业态。

4. 运营创新

锦和商管，作为专业面向城市更新领域的商用物业全价值链集成服务商，通过对城市老旧物业、低效存量商用物业的重新市场定位、设计改造、招商运营管理，在提升物业价值、改善城市面貌的同时挖掘建筑的历史文脉，推动文创产业的孵化发展。2021年，锦和商管在完成衡山路8号项目签约后，力图将其重新打造成为衡复风貌区的标志性地标。依据《徐汇区衡复历史文化风貌区沿街商业业态发展导则》，秉承延续城市文脉，服务中国城市功能升级的愿景，在保护历史文化建筑和衡山路街区整体风貌的前提下，通过设计改造、招商运营和物业管理服务等方式，将其塑造为国际一流水准的历史风貌保护区商业形态，打造集文化、创意、艺术及高端生活方式为一体的公共空间。

● 更新效果

衡山路8号位于衡复历史文化风貌保护区规划内衡山路生活休闲区的主要路段，衡山路8号项目的改造，是锦和商管在上海传统核心区域打造的又一标杆项目。锦和商管聘请知名设计团队"红崛建筑设计""LAB D+H"与"倘思照明设计"，对项目进行设计改造，塑造国际一流水准的历史风貌保护区商业形态。经过更新改造后的衡山路8号定位为具有文化时尚功能和现代化办公功能为主的社区精神地标场所，现已吸引了包含享有行业盛誉的资深广告公司、精英杂志、高端厨具设计、建筑设计工作室等创意类企业以及相应的精品生活方式配套入驻。于2022年获"2021年度中国城市更新和既有建筑改造优秀案例""2021-2022'上海设计100+'"荣誉称号。

衡山路8号既承载着深厚的历史底蕴，又在城市更新中焕发出新的活力，经过锦和商管的改造和运营，发挥出新的商业与文化生机，吸引诸多品牌入驻与游客驻足，成为融合创意办公、高端体验式商业的魅力衡复之心和潮流时尚领地。

如今的衡山路8号不仅作为一个地标性的空间载体，更是城市聚合的中心。城市公共生活的活力在此得以复兴，品牌发布、街头骑行、艺术展览等，这些充满活力和意趣的活动连接人与建筑，连接街区与城市，完成与社群，与商业，与文化的邂逅与熟识，成为精英人士聚集的时尚街区和潮流文化地标（图12、图13）。

让老建筑焕发新光彩，彰显空间的无限魅力。未来，衡山路8号将更加成为连接人与文化最高效的物质载体，为建筑、街区这种凝固的文化艺术注入时代的活力。

图12 水塔广场公共活动

（a）

（b）

图 13　社群活动

模式口大街修缮改造与环境整治项目

供稿单位：北京石泰集团有限公司、北京泰福恒投资发展有限公司

项目区位：北京市石景山区模式口历史文化街区

投资单位：北京石泰集团有限公司

设计单位：悉地（北京）国际建筑设计顾问有限公司、中国建设科技集团中国建筑设计研究院有限公司
北京华清安地建筑设计有限公司等

组织实施单位：北京泰福恒投资发展有限公司

施工单位：北京城建北方集团有限公司

设计时间：2020 年

竣工时间：持续更新

更新前用途：商业、办公、居住

更新后用途：商业、文化与公共服务

更新规模：18 万平方米

总投资额：人民币 23.81 亿元

● 更新缘起

模式口历史文化街区位于北京中心城区西部，距离城市中心约 20 公里，处于《北京城市总体规划（2016 年–2035 年）》的"一核一主一副、两轴多点一区"城市空间结构的"一主"即"中心城区"西部的石景山区，"一轴"即长安街及西延长线北侧，背靠"一区"即生态涵养区，正好位于生态涵养与功能区交界的山前地带（图 1）。

模式口历史文化街区四至：东起金顶北街路，西至石门路，北至法海寺、中国第四纪冰川遗迹陈列馆和永定河引水渠，南起首钢模式口南里小区和北京市第九中学北院墙（图 2、图 3）。

模式口，原名"磨石口"，始于西周，闻名于明清，以盛产青石磨刀石而得名。1922 年京师华商电灯有限公司在此地兴建发电厂，磨石口村遂成为北平最先使用电灯的村镇，时任宛平县长汤小秋听闻村民生活由此改善，欣然题字，易村名为如今之"模式口"，

意为诸村之模式。

模式口作为西山永定河文化带的重要节点和宝贵的历史文化街区，拥有丰富的历史遗存，文脉源远流长，文物风貌保存完好。模式口是 2002 年北京市公布的第二批历史文化保护区，属于旧城外的 10 片历史文化保护区之一，是北京历史文化名城的重要组成部分。模式口历史文化街区拥有国家级文保单位两处：法海寺、承恩寺；市级文保单位两处：田义墓、中国第四纪冰川遗迹陈列馆；3 个区级文保单位、普查文物登记 12 个、37 处有价值院落。

要进行城市更新的原因：一是模式口历史文化街区因历史原因，房屋建筑多为平房，当地居民房屋破烂、室内无上下水、无燃气管线、胡同狭小、房屋破烂，且私搭乱建很多，居民生活方便性、舒适性很差，街道狭窄，居民生活不便。二是消防隐患众多，一旦发生火情十分危险。三是沿街缺少整体性规划，存在诸多天际线断点。四是街区商业业态单一，缺乏活力及特色，未能将现代文化休闲与街区的京西文化底蕴

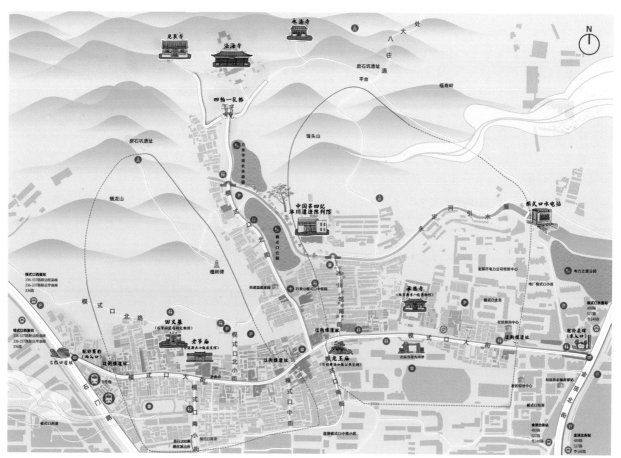

图 1　模式口全景图

图 2　模式口区位图 1

图 3　模式口区位图 2

结合，体验感差。

2020 年，石景山区委、区政府全面启动保护修缮工作，委托区属国企北京石泰集团有限公司（以下简称石泰集团）作为实施主体，首先进行市政基础设施改造，开展搬迁腾退、拆违治乱等基础工作，提出"文物保护是核心，环境整治是前提，有机更新是遵循，民生改善是重点，业态提升是关键"的核心理念和指导原则，力争在冬奥前实现"开街"。因此引入北京泰福恒投资发展有限公司作为从规划设计、工程建设到招商运营的全过程委托管理方，形成了"政府主导，国企运作，专业化团队运营"的特色模式。

项目目标：

继续在广大原住居民的参与支持下，不断探索、实践历史文化街区的保护、更新、活化、利用，树立合作、和谐、共生、共赢的历史文化街区新典范。

● 更新亮点

1. 设计创新

设计过程中，力求做到美化街区环境，实现文物保护活化利用，打造了若干小微展馆、小微公共空间及精品院落。

开展对《模式口历史文化街区修缮改造及环境整治实施方案》《模式口历史文化街区交通改善实施规划》的研究，通过多种手段及细节处理，增设雕塑小品、城市家具、卡通墙绘、园林景观、夜景照明系统、构筑物装饰等，改善街区环境，提升居民生活品质（图 4）。

《模式口历史文化街区环境整治及景观提升方案》通过深入踏勘调研，分析模式口独有的浅山区地势环境特点，本着生态与居住和谐共生的原则，尊重历史文化传承和民间风俗习惯，提出了"生态计划""艺术计划""生活计划"和"夜探计划"的景观策略。

图 4　街区东口景观"古道晨曦"改造前后

2. 技术创新

模式口历史文化街区通过修缮美化街区 U 形空间，重修"卧牛腿挡墙"结构，既提升安全性、稳固性，又退让出步行空间，开阔街区尺度；设置星光呼吸灯和藤本植物丰富立面装饰。项目建设中为了使墙体达到节能及仿古效果，采用加气块＋保温板＋小青泥砖的创新组合工艺，设置水平墙拉结筋、构造柱并用铝扣板锁边，以达到结构稳定性和设计效果。整体采用统一的灰砖元素，保留京西传统民居特点，因地制宜、随形就势，见缝插绿补植乔木及花卉，发挥小尺度开放空间的积极作用（图5、图6）。

着重从历史文化与生活趣味两个层面在街道两侧布置情趣艺术雕塑小品、统一规范街区标识牌系统、统一规范街区便民城市家具、统一规范街区零星景观绿化、统一规范设置街区智能垃圾桶。

3. 模式创新

项目按照区政府提出的工作理念，保护街区风貌、格局、肌理，探索共融共生的实施路径，做好街区的有机更新、活化利用和业态提升。

围绕"政府主导，国企运作，专业化团队运营"这一特色模式，建立"众规平台"，成立工作专班；充分利用"五结合"工作机制，即：主管单位牵头、政府部门把关、专家委员会论证、设计单位支撑、属地街道参与，探索法治、共治，逐步形成科学合理的城市有机更新新模式；引入专业运营团队，开展有机更新各项工作。

秉承"不搞大拆大建"和"减量的原则"，规划设计先行，探索微更新的思路和方法。制定《修缮改造及环境整治实施方案》，出台《有机更新指导手册》，从多个维度制定出符合项目发展的新模式。增设雕塑小品、城市家具、卡通墙绘、夜景照明等，改善街区环境，提升居民生活品质。

2022年7月，石景山区政府印发《石景山区模式口历史文化街区平房（院落）保护性修缮和恢复性修建工作方案（试行）》。

根据《模式口历史文化街区环境整治及修缮改造项目招商方案》有序招商，把有一定规模的精品文化院落比作"月亮"，充分带动街区商业活力；把临街小型店铺比

图5 "京西书局"改造前后

图6 "龙王庙广场"改造前后

作"星星"，丰富街区"烟火气"，注重引入知名连锁、文创非遗、老字号等特色品牌，兼顾业态多元性，从而形成"众星捧月"之势，逐步淘汰"小、散、低、重"业态。

根据搬迁腾退及趸租进度，提前开展策划和招商工作，与已落位院落商户深度对接。结合业态需求进行方案及施工图设计，对接商户投资，推进商户提前进行运营筹备，做好定制化设计对接工作，保证房屋快速完成亮相和具备接待条件。实现更新改造和商业运营无缝衔接，缩短设计、建设周期，节约工程建设成本，减少腾退房屋的闲置时间，降低财务费用，提高国有资产资源利用率，实现街区的城市更新工作快速推进。

4. 运营创新

为致力于街区的建设、发展，完善功能，提升品位，实现永续发展，成立了模式口历史文化街区运营维护管理中心，为街区提供优质管理服务，主要服务范围包括：游客管理、商业管理、物业管理、信息管理。团队植入"5S"管理模式（5S 即：整理、整顿、清扫、清洁、素养），严控整个服务过程，确保高质量的服务效果，根据商户、居民、游客以及接待访问人群的服务需求，制定完善的物业服务标准。着力打造智慧街区，实现街区智慧化、信息化、现代化管理运营，持续做好步行街管控，为项目提供安全的秩序保障、清洁的卫生环境，实现街区安全稳定、繁荣祥和。

按照区委、区政府提出的工作理念，成立区级工作专班，高频调度、高位协调。在更新改造过程中，积极引入高水平运营团队，区属国企北京石泰集团有限公司作为实施主体，负责资金筹措，进行搬迁腾退及市政基础设施建设工作；北京泰福恒投资发展有限公司作为运营主体，承担从项目策划、规划设计、工程建设到招商运营、物业管理的全过程委托管理工作；形成了"政府主导，国企运作，专业化团队运营"这一特色模式，实现以运营引导设计，以功能引导腾退，推动实施主体和运营主体无缝衔接，保证项目顺利开展相关工作。

通过搭建模式口历史文化街区"规划协作平台"，多专业团队开展多层次规划研究工作。一是落实"保护中发展，在发展中保护"要求，充分挖掘历史价值，构建包括老墙、过街楼、文保单位、历史建筑在内的保护与传承体系，实现从单体保护向体系化保护传承的转变。二是运用创新技术手段，多元技术破解狭窄街巷空间的瓶颈，推动居民停车场、主要道路市政管

线铺设等试点项目建设。三是搭建模式口历史文化街区专家委员会，通过主管单位牵头、政府部门把关、专家委员会论证、设计单位支撑、属地街道参与的"五结合"工作机制，强化保护更新工作的制度保障。四是以参与式规划为手段，带动居民共同挖掘历史文化记忆，推动地区文化价值认同，文物保护活化利用，打造了若干小微展馆、小微公共空间及精品院落，有机更新激发社区复兴。

● 更新效果

在政府的指导和帮助下，于 2021 年 10 月顺利开街，得到各方认可和关注，在 2022 年春节假期七天，街景如画、游人如织、好评如潮，重现了京西古道往昔商旅纵横之盛景，圆满完成在冬奥会前精彩呈现的工作目标。模式口大街现已成为石景山区融合古街风貌和时尚潮流的新去处，得到了市、区领导和群众的一致认可。街区完成了多处惠民工程、打造了多组商业文化体验院落和小微展馆，形成了古韵新生的商业业态，打造了集文化体验和文旅休闲为一体，宜居、宜游、宜业的历史文化街区。

模式口作为分会场参加 2017、2018 北京国际设计周，开展骆驼走街、非遗演出等特色文化活动；围绕"邂逅京西 遇见美好"开展品牌系列活动，成功举办"模式口打卡集章""礼赞祖国–喜迎双节纵情畅享欢乐季""我眼中的模式口"摄影大赛、"邂逅京西 遇见美好"模式口国潮体验季、"夜游模式口 相约古道情""城市更新周 文旅消费季"主题文化市集等活动，引导游客深度参与，增强街区活力趣味，打造地区品牌文化，加强对外交流，展示石景山区文创产品，吸引文创商户入驻。

同时，实施文化"走出去、请进来"战略，积极挖掘街区文化，共铸品牌，宣传模式口历史文化信息、有机更新成果；借力政策支持，与社会资源对接，积极配合组织企事业单位、学校、社会团体进行相关研学活动等，提高模式口历史文化街区的知名度和美誉度，将街区打造成为石景山历史文化浓缩之地和文化形象窗口（图 7、图 8）。

模式口街区自 2021 年 9 月 29 日开街以来，迅速成为京西网红打卡地，重现京西驼铃古道盛景，成为

后冬奥时期展现石景山历史文化和首都文化的重要窗口和平台。2021 年 11 月项目被评为十大"北京最美街巷"；2022 年 7 月荣获北京城市更新"最佳实践"案例；2023 年获评北京市旅游休闲街区、北京消费季"夜京城"特色消费地标融合消费打卡地，入选市文旅局 2023 年度"月光下的北京"夜游推荐指南、市级示范商业步行街，形成北京独有品牌影响力。2022 年 9 月 18 日，模式口历史文化街区运营维护管理中心正式成

立并进场履行管理职责。截至 2023 年 1 月，街区已呈现"13 景、23 院、91 铺"，逐渐成为市民休闲、度假、旅游的历史文化新地标，进一步彰显街区历史文化魅力、城市记忆与乡愁的有机融合和业态提升焕发的全新活力。未来，街区还将继续在广大原住居民的参与支持下，不断探索、实践历史文化街区的保护、更新、活化、利用，树立合作、和谐、共生、共赢的历史文化街区新典范（图 9 ~ 图 11）。

图 7　商业文化体验院落 1

图 8　商业文化体验院落 2

图 9　京西秋韵景观

图 10　月色驼铃景观

（a）

（b）

图 11　春节期间的街景

天津金茂汇
（天津第一热电厂）城市更新项目

供稿单位：中国金茂控股集团有限公司

项目区位：天津市河东区六纬路 70 号

总设计师：张学刚、高飞

项目团队：王澍、刘浩、类维泰、宋海涛、曹潇丹、郝斌、马宏毅、王巍、刘路扬、李梦奇

投资单位：中国金茂控股集团有限公司

设计单位：天津大学建筑设计院

组织实施单位：天津辉茂置业有限公司

施工单位：中建二局第三建筑工程有限公司

设计时间：2018—2020 年

竣工时间：2022 年 9 月 30 日

更新前土地性质：公用建筑（工业）

更新后土地性质：民用建筑（商服）

更新前土地产权单位：国家能源投资集团

更新后土地产权单位：中国金茂控股集团有限公司

更新前用途：热电厂

更新后用途：商业、办公

更新前容积率：0.7

更新后容积率：2.36

更新规模：159,538 平方米

总投资额：人民币 13.04 亿元

更新规模：18 万平方米

总投资额：人民币 23.81 亿元

● 更新缘起

百年的铮铮岁月，一脉封存。天津第一热电厂所在地块有着丰厚的历史，中国金茂控股集团有限公司（以下简称中国金茂）在进行城市更新时，坚定地保留地脉、以旧修旧，并对场地的记忆进行了多维度演绎。

1. 1765 年柳墅行宫

200 多年前，第一热电厂旧址上矗立的是一座"八景何堪比上林"的皇家园林——柳墅行宫。乾隆三十九年（1774 年），户部尚书于敏中根据皇帝的旨意，"恭拟省行宫七处各陈设（《古今图书集成》）一部"，"计有天津柳墅行宫、山东泉林行宫、江宁栖霞行宫、扬州天宁寺行宫、浙江金山行宫、苏州灵岩行宫、杭州西湖行宫。"柳墅行宫在清代乾隆年间各省所建的七大行宫中排名第一，据史料记载，乾隆在这里住过大概 8 次（图 1）。

2. 1885 年武备学堂

在李鸿章的主导下筹建了武备学堂，引进了德国教官开建了第一座军事学校，被誉为清末中国的西点军校，为清朝陆军培养了一大批新式人才，如段祺瑞、冯国璋、王士珍、曹锟、靳云鹏、段芝贵、陆建章、李纯、鲍贵卿、陈光远、王占元、田中玉、吴佩孚等（图 2）。

3. 1937 年天津第一热电厂

1937 年，日本和天津当局兴建了"天津发电所"，成为天津第一热电厂的标志起点。50 年代初，正式更名为"天津第一发电厂"，后来经过三次扩建改造，成为京津唐电网的主力电厂之一。过去，热电厂有七个大烟囱，到 1985 年，热电厂竖起一座高 195 米、底部内径 16 米的钢筋混凝土烟囱，取代了过去的七个大烟囱，成为当时天津的制高点。在 80 多年的沧桑岁月中，这座被誉为天津电业摇篮的老电厂，老远看到的那条盘旋升腾的"白龙"也成为天津人心中难忘的记忆（图 3）。

2011 年，天津第一热电厂全部关停；2014 年 8 月，天津第一热电厂的大烟囱拆除；2016 年中国金茂怀揣着对土地的尊重和敬畏，深入研究城市文化底蕴和历史积淀，在保留第一热电厂老厂房建筑遗存的基础上焕新，让第一热电厂重生。

● 天津版的伦敦巴特西

项目规划之初，团队足迹遍布全球考察，发现和第一热电厂同时期诞生于 20 世纪 30 年代的巴特西电站，有很大的相似之处。巴特西电站自 1982 年"退役"以来，这座充满了机器美学和魔幻色彩的标志建筑，已然成为英国的一个历史文化符号，矗立在泰晤士河边，俯瞰城市变迁（图 4）。

巴特西电站是位于英国伦敦泰晤士河南岸的巴特西区的一座退役的火力发电站，1933 年开始运营。巴特西电站曾负责伦敦全城五分之一的电力供应，是英国工业时代的标志建筑，采用红砖教堂风格建造，是欧洲最具标志性的红砖建筑之一。"巴特西"情结曾出现在许多电影中，包括《国王的演讲》《神探夏洛克》《速度与激情》《蝙蝠侠》等，并且还在 2012 年伦敦奥运会的闭幕式中，作为"最能代表伦敦的 6 大建筑"亮相。然而随着设备的老化，成本的上升，以及伦敦摆脱其"雾都"标签的努力，种种原因汇聚在一起，巴特西电站于 1983 年 10 月正式退出历史舞台。

2003 年，在世界大师的执笔下，巴特西电站的历史遗址被完好保存，整体改造为集办公空间、住宅区、公园、休闲娱乐、商业文化街和艺术聚集为一体的国际化都市新区，涡轮机大厅、苹果店、观光烟囱、文艺广场等，成为英伦文化新符号（图 5）。

图 1　柳墅行宫图

图 2　武备学堂

图 3　天津第一热电厂鸟瞰图

图 4　英国巴特西电站

图 5　英国巴特西电站改造后示意图

图 6　天津金茂汇改造后效果图

图 7　天津海河金茂府效果图

　　基于巴特西和第一热电厂的六大同质点，中国金茂汲取巴特西电站城市更新对文化遗迹和工业景观城市综合体改造设计的先进理念，从城市景观学和城市综合体的角度进行功能设计，以热电厂老厂房为核心打造津版"巴特西"，旨在为每个天津人打造一个活力四射、集诸多功能空间于一体的文化体验新区，为天津提供一处具有城市记忆、体现城市魅力、彰显城市活力的文化体验新地标（图 6、图 7）。

● 一公里理想城市的蜕变

1. BLOCK 街区样本——未来城市发展的全新提案

　　正如纽约上东区、伦敦巴特西等享誉世界的街区城市经典所实践的"BLOCK"（B– 商业、L– 休闲、O– 开放、C– 人群、K– 亲和）范本，由人与人、城市、建筑、自然相处方式的更新，让城市焕发真正活力，步行即达的理想生活，为未来城市的发展提供理想范本。中国金茂倾力打造的"海河一公里的理想城市"，为整个区域带来新的城市面貌和新的活力，可步行、可亲近，资源集约，兼备城市的平衡性、复合性、集合体，以边界友好、和而不同、互动共赢的尺度，给予未来生活者梦想的新生活方式。

2. 一心两翼规划——千步维度复合 8 维资源

　　整个项目打造上，保留热电厂厂房作为项目最核心建筑。厂房面向海河的一侧用于作为城市开放空间，以期能更好地展示工业遗迹在整体布局中的领袖地位。在此基础上规划一心两翼，在于海河畔一公里的步行尺度内，实现健康科技住宅、高端写字楼、时尚商业 Mall、城市公园、幼儿园、海河景观、轨道交通、天津第一热电厂文化遗址八维城市资源，有力更新城市的高阶形态及生活方式。

a. 科技

　　中国金茂专注"绿色、科技"领域，坚持舒适住宅技术的研发和积累。

中国金茂旗下高端人居代表"金茂府"即是"健康科技人居"的代名词，其中的两翼即为海河金茂府南区、北区，首开津门科技住宅先河，引入不断迭代的十二大科技系统，提供"舒温舒氧舒湿"的健康科技人居，同时为城市的低碳排放、城市蓝天，贡献巨大智慧力量。

b. 生态

　　作为中心城区土地价值具备潜力的海河沿线，将一公顷的可用地规划为城市花园打造开放空间，缓解海河沿岸密度，并为海河甚至天津提供独特的识别性与物理特征，吸引人们前往重新焕发活力的河滨空间。

c. 开放

　　海河金茂府中心地块的热电厂工业旧址规划为一公顷城市花园，为海河留下一方"内气"，为楼宇密布的海河沿线调适出一段舒缓的节奏。开放空间为海河沿岸甚至整个天津内城提供散步、休闲、婚礼、艺术展览、音乐节等多种形式文化活动的机会。

d. 步行

　　中国金茂以恢弘手笔规制超级城市综合体——海河金茂府，规划有高品质住宅、城市广场、特色厂房商业以及甲级写字楼，使生活的各个维度以步行尺度即达。

e. 紧凑

　　海河金茂府与小白楼 CBD 一海河之隔，形成一处便于步行的城市区域。倡导步行之外，4 号线、9 号线和 5 号线三条地铁线路经过海河金茂府，可容纳多种模式的出行通道（行人、自行车、公共交通车辆和私家车），为交通出行带来高度的灵活性。

f. 时尚

海河金茂府拥有的城市广场、厂房商业、步行商业街等业态，不仅能够满足区域本身的需求，未来街拍、潮人、行为艺术等城市潮流元素将注入海河金茂府，将成为展示海河畔具备独特识别性的时尚地标。

g. 艺术

海河金茂府拥有 1 万平方米城市广场与 4.6 万平方米特色厂房商业（金茂汇），海河畔宽阔的城市草地空间，未来将为人文艺术提供肥沃土壤。各类艺术展览将汇聚于此，同时将艺术赋予人间烟火的温度，给全新的海河畔倾注美学内涵。

h. 人际友好

于外而言：针对社区与城市界面联通、城市街坊空间设计与资源导向设计，催化步行交往。对内而言：金茂府独特的户型空间设计，以家庭空间的情感交流为灵魂，倡导家庭成员之间的亲密关系；以文化会所为主的社区公共交往空间设计，使更多业主、家庭与家庭之间相互交流沟通；中国金茂拥有的强大资源，能够有效运营业主社群，金邻、金宴为金茂府业主提供更多人际沟通的交流平台。

● 老厂房的文物保护

一幢建筑，就是一段历史。依据 2011 年 9 月 15 日《关于公布河东区第三次全国文物普查不可移动文物名录的通知》（河东政发〔2011〕18 号），天津电业股份有限公司旧址（第一热电厂）列为近现代重要史迹及代表性建筑，核定为未定级不可移动文物。作为城市的工业遗产，其一，老热电厂有着非常重要的文化价值，忽视或丢弃都是抹去城市一部分最重要的记忆；其二，曾经为京津唐地区贡献了 70 年的热与电，在创造了巨大的能量的同时，也创造了取之不竭的精神财富，成为一代人社会认同感和归属感的所在，即社会价值；其三，焕新老热电厂，激活城市热点，能够在城市发展经济振兴中发挥重要作用，即经济价值。在此之上，老厂房的保护无论从哪个层面来说，都变得至关重要（图 8、图 9）。

1. 文物保护。文保专家把关 坚持以旧修旧

面对工业遗址，原貌修复或推倒重建，金茂选择的是坚持以旧修旧的原则，保留诸多"古迹"。在立面设计上保持原有风格，立面进行破损修补，改造后的立面会更换破损的金属板屋顶的材质，保持工业风的质感，同时更换原有的天窗材质为玻璃窗，增加室内的采光。2016—2019 年，先后多次由天津市规划局、河东规划局、河东区文化和旅游管理局牵头，组织多次文保专家评审会，论证第一热电厂的修缮和利用，既要充分考虑文物历史价值实现完整保护，又要创新商业功能，打造一个城市开放空间。

2. 传承。"原汁原味"修复 铭记城市文脉

老厂房的"原汁原味"保留，与老厂房相连的新商业，建筑外立面语言则是从工厂原本的结构体系中加以提炼，采用具有工业风的材质，延续老厂房的建筑肌理，使得新老建筑的和谐统一。在室内空间打造上，原有梁柱等结构元素以装饰结构还原呈现，室内煤斗造型通过创新方式打造成网红打卡处（图 10）。

3. 再生。新与旧的链接交融 让老厂房"活"起来

对一座老建筑最好的尊重，是让它重新焕发活力，这样才不会随着时间的推移而消逝。海河金茂府老热电厂的改造巧妙之处便在于与新商业、生态写字楼及地铁规划进行了恰到好处的衔接，改造后呈现的是满足一公里尺度范围内的街区配套，让老厂房真正"活"起来，融合新需求、功能、新技术和艺术，打造面向社会群体、面向全家庭的精品商业，从而激活城市热点，为城市注入发展新动力。

4. 遗址"0"破坏 高难度保护性修缮工程

热电厂由于历史原因没有任何资料可参考，中国金茂在尽可能避免文保建筑被破坏的情况下进行摸索，耗时三个月日夜兼工，一铲铲地摸排出了所有老旧基础，在执行清除破损严重的结构过程中，金茂团队以超高的精细度做到了遗址"0"破坏。

在加固修缮工艺方面，保障老厂房未来墙体的稳固强度，采用三七墙，即梅花丁砌法。"三合土"灰口，每皮丁顺相间式即梅花丁式，每一皮都丁顺相间砌筑，上下皮之间丁顺交错，不能出现通缝，缝隙要求规律均匀。同时进行墙体深耕缝加筋补强加固，包含双面深耕缝、清扫砖缝、埋入钢筋、勾缝、喷水养护等多道程序，施工难度非常高（图 11、图 12）。

● 城市热点的激活

1. 世界大师团队，伍兹贝格匠心执笔

伍兹贝格，一家以人性需求为根本的国际知名建筑

图 8 天津金茂汇改造过程中

图 9 天津市河东区第三次全国文物普查不可移动文物名录

图 10 天津第一热电厂室内煤斗改造前后对比

图 11 天津金茂汇效果图

图 12 第一热电厂改造过程

设计公司,拥有 150 多年的历史,其设计作品享誉世界。作为伍兹贝格天津首秀作品,全球设计总监 IAN PNG 亲自操刀设计,执笔第一热电厂更新,以转化为主题打造天津金茂汇,蜕变为具备醒目文化符号的时尚商业 MALL。

2. 转化,再次"发电"

让旧建筑拥有生命,在新时代转化角色,再次"发电",继续点亮天津的夜空,熠熠生辉。为了实现对历史遗迹的保护,伍兹贝格、项目团队与文保单位进行了多次的研讨会,最终确认品牌策划、建筑设计和室内设计一体化的改造方案。项目团队从电厂的工作原理中提取出"转化"这条故事线,以延续热电厂的城市记忆。

3. 修旧如旧,新旧并置

融入独特的当地历史文化,新旧并置始终能激发创造性,助力城市复兴。原有老厂房约有 24000 平方米,如果要承载周边目标人群,体量远远不够,必须要有加建新建部分。在做了大量实地勘察、本地居民访谈、调研报告研读、对标案例研究后,项目团队决定在老厂房部分采用"修旧如旧"的理念。保留热电厂原有的历史印记,尽量保持建筑本来的风貌,将

文章做在新旧建筑的结合处,采用玻璃盒的方式过渡和承接新旧部分,衍生出历史与现代的交错,也尽可能地减少对老建筑的遮挡,向外界最大限度地展示老厂房的砖墙纹理,以及壮美的室内空间结构。

4. 以商业思维挖掘历史 IP

设计阶段尽量保留富有价值的建筑构件和结构体,如煤斗、钢屋架、砖墙等。室内设计依据厂房原有的空间形式及特色,加强工业遗产特征的展示和保护,创造独具特色的工业风格。

各楼层采用退台式设计保证店铺的视线可及性,将底层人流引入高层。在高层煤斗旁设置外摆区,激活商业氛围,为了不破坏煤斗原有的历史痕迹,设计师建议使用多媒体媒介在煤斗上播映热电厂的历史变迁,增强空间趣味性的同时将老电厂这个文化 IP 无形植入商业空间,把历史文化用现代方式展现出来。

在新旧结合部,同样采取玻璃元素,引入现代感的同时又不遮挡原有的空间特征,同时进行墙面修复,引入室外红砖元素,统一风格。

呼应建筑设计对室外空间的多层次利用,项目团队在汽机厂房办公楼打造屋顶花园、在锅炉房制高点设置观景平台,形成多层次欣赏海河的绝佳视角,市民可以在这里享用美食,眺望对岸小白楼商圈的壮美天际线。

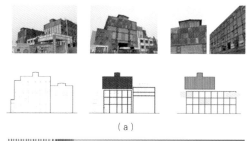

（a）

（b）

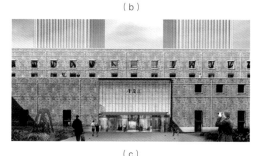

（c）

（d）

（e）

（f）

图 13　和谐共生的公园广场

5. 网红商业 打卡地标

改造后的天津金茂汇定位于"新兴家庭一站式生活方式的文化购物公园"，量身定制商业业态组合，从博览馆、网红餐厅、创意市集，再到亲子游乐的儿童山，带动和引领了风格与品质的确立，在文化传承与现代商业中，打造与众不同的消费体验。

玩味欢聚空间，展览话剧兼得，游艺演出并举，文化与生活融会贯通。约 2500 平方米的室内迪士尼奈尔宝，童年梦幻之旅由此开启；多元风味料理，创新餐饮空间，品味格调风情；潮流时尚生活，潮流零售与多元文创相结合，营造文艺美学生活场景；工业风煤斗修旧如旧，不可错过的网红打卡点；高挑艺术中庭，煤斗流沙光影梦幻；超高采光玻璃穹顶，天然之地洞见不凡。

6. 特色主题 地下情境街区

天津金茂汇致力于精致生活场景打造，地下街区的产品设计将会以项目整体定位为出发点，再造特色主题空间。新建商业地下二层与地铁 4 号线六纬路站 A 出入口接驳，地下一层商业面积 1436 平方米，业态为主题餐饮及零售。引进新潮餐饮业态、品牌，填补市场空白；以新奇特的特色小食，满足顾客的各式美食追求，引领天津全城小吃经济新潮流。

● 和谐共生的公园广场

没有中央公园，纽约也将黯然失色。每一座城市都应该有这样一个公园绿地，成为钢筋水泥中的世外桃源，在繁华与自然中，凝聚出城市的精神，延续着城市的文化。在第一热电厂的城市更新过程中，中国金茂打造东西双公园广场，为海河最美一公里保留一股自然的气韵，成就未来绝佳的休闲、娱乐、社交场地（图 13）。

海河金茂府商办物业原规划为传统型社区商街、塔楼、老厂房三部分，体量较为分散，而且内街不具备开放性。经过调整后的方案，通过连接体，以"L"形布局，连接社区商业与写字楼、老厂房，形成综合体之势。

自此面向海河的东西双广场诞生，西广场约 10000 平方米，为电磁广场；东广场近 4000 平方米，为网红广场。公园广场布局包括门户空间、活力广场、灯光雕塑、热力管道园、工业雕塑、儿童广场、城市农场、核心广场等，涵盖多重休闲，其中雕塑设计的灵感，来自于世界知名的奥林匹克公园。集世界名园设计，为河东打造一个开放的空间，让游客可以在这里陪伴最重要的人，享受尽致尽美的生活时光，更将天津的城市界面，带入一个全新的面貌。

南头古城

供稿单位：深圳市万科发展有限公司

项目区位：深圳市南山区深南大道与南山大道交汇处

总负责人：黄楠

总设计师：钱源

项目设计团队：邓璟辉、王峥、高钰、唐超龙、李聪毅、裴雨霏、沈睿卿、许晓明、李艳华、石超锋、徐学文

投资单位：南山区人民政府、深圳市万科发展有限公司、深圳市深汇通投资控股有限公司、深圳市南头城实业股
　　　　　份有限公司

设计单位：万科城市研究院、万路设计咨询（深圳）有限公司、深圳博万建筑设计事务所、广州瑞华建筑设计研
　　　　　究院有限公司

组织实施单位：南山区人民政府、深圳市万科发展有限公司

施工单位：湖南建工集团有限公司、深圳市西部城建工程有限公司

设计时间：2019 年

竣工时间：2020 年 8 月 26 日（南北街示范段）、2021 年 2 月 10 日（东西街）、2022 年 8 月 26 日（西集）

更新前土地性：R4 四类居住用地

更新后土地性质：R4 四类居住用地

更新前土地产权单位：深圳市南头城实业股份有限公司、业主居民

更新后土地产权单位：深圳市南头城实业股份有限公司、业主居民

更新前用途：厂房、住宅

更新后用途：产业园区、特色街区、长租公寓

更新前容积率：3.5

更新后容积率：3.5

更新规模：建筑面积 8.8 万平方米

总投资额：人民币约 13 亿元（含政府、企业投资）

● 更新缘起

1. 项目背景

南头古城自东晋咸和六年（公元 331 年）设置东官郡起，距今已有近 1700 年历史，是深港澳地区的历史之根、文化之源。古城内完整保存了六纵一横的传统街巷，留存有多处历史文化遗迹，是岭南古文化的宝贵遗存和深圳快速发展的一处缩影，是深圳最有魅力的文化名片和历史全景博物馆。

南头古城作为"深圳十大特色文化街区"之一，保护与利用工作被纳入深圳市委粤港澳大湾区实施纲要。按照深圳市委市政府的工作部署，南山区委区政府在 2019 年 3 月成立了由区委书记担任组长的南头古城保护与利用工作领导小组，设指挥部和指挥部办公室负责推进项目实施，由万科承担并实施相关具体工作。

南头古城的保护与利用工作坚持城市"微改造"理念，通过保留古城历史风貌，留住城市特有的历史、建筑文化"基因"，探索历史建筑保护活化新方式。立足"粤东首郡·港澳源头"的区域定位，南头古城聚焦产业融合，结合当地文化，导入文化、创意、艺术产业资源，搭建区域文化创新发展平台。

2020 年 8 月 26 日南头古城南北街实现开放，东西街、if 工厂、西集等节点逐步投入运营，获得社会各界广泛关注，累计已荣获 36 项奖项。未来，南头古城将持续提质升级，逐步发展成为城市文化名片和大湾区文化地标（图 1）。

2. 项目目标

南头古城以历史为基底，包容多元文化，致力于营造一个自由鲜活、复合多元、真实原生、有机持续的共生空间。未来南头古城将持续提质升级，坚持有机更新与品质运营，通过引入特色文化产业业态，实现空间升级、业态升级、片区更新发展，推动粤港澳大湾区文化创意产业资源在此叠合、汇集，逐步推动发展成为深圳城市文化名片和大湾区文化地标。

● 更新亮点

1. 有机更新活化，打造深圳文化名片

项目立足"粤东首郡·港澳源头"定位，在尊重历史、弘扬文化的基础上，强化南头古城历史文化的挖掘，坚持有机更新，通过微改造方式对文物建筑进行保护与利用。赋予老旧建筑新的生命力，实现空间升级、业态升级、片区更新发展，力争将南头古城打造成为中国城市更新典范、大

（a）

（b）

图 1　南头古城

湾区和深圳文化名片。

2. 业态多元复合，不断激发创新活力

除居住业态外，引入更多文化、设计、创意型产业和内容，以此更新人群结构与激发街区创意活力，让古城成为创意内容的生产者，呈现出强烈地域气质、浓郁历史痕迹和故事、丰富的文化和艺术以及活力的街道和生活。

3. 探索共建共享，创新运营发展模式

南头古城街区运营积极探索多方共建的运营模式，整体实施由政府主导、企业实施、村民参与的运营模式。由政府主导投资古城基础设施升级、古建修缮保护、文化策展、景观环境提升等公共部分建设；成立由深圳万科、区属国企深汇通、南头城村股份有限公司组成的深圳万通南头城管理运营有限公司，由万科团队主导南头古城整体招商、企划推广、街区营运与物业管理等工作，推动实现多方共建、共创、共生。

4. 技术创新

（1）建筑立面更新

在古城风格呈现的把控和呈现上，南头的整体风貌

不局限于某个历史时期的特定风格，而是回归到深圳这座城市的岭南地域性和都市先锋性，在现有的基础和身份特征上，用新旧杂糅的方式积极地面对当代的挑战和使用需求。在古建方面，采取了"修旧如旧"的原则，使得南头变成一座"看得见的古城"，有着"读得出历史"。在整体建筑风貌的改造设计上遵循整洁性、原真性、在地性三个原则。主街风貌以岭南广府建筑风格为基调，融入了当代审美装饰元素，通过控制新旧材料和新老元素的选择和应用比例，从街道表皮至临街建筑纵深的改造，营造一个底层古朴协同，上层活色生香的古城风貌和古今交融的文化场景（图2～图4）。

在街道风貌协同和鼓励立面多样性的前提下，设置了集群设计机制，邀请了20余家国内外知名设计机构参与改造设计工作。建筑设计层面保持城中村开放包容的基因，避免建筑立面风格趋于统一或是纷杂无序。

（2）公共空间升级

改造注重补齐基础设施短板，扩增和升级公共空间。在本轮改造中重点提升了古城原有的南城门公园、

图2　街区立面改造前后对比图

图3　if工厂改造前后对比图

图 4　南城门改造前后对比图

书院广场、篮球场、大家乐广场等，同时对小空地和
边角地进行景观绿化提升，对场地进行了规整和翻新，
改造拆除危房，消除安全隐患，并增加基础、休憩设
施，新增了竹园、砥园、叠园等口袋公园，散落在古
城各处（图5～图7）。

● 更新效果

1. 社会效益

南头古城开街以来，从人群结构更新、带动就业
岗位、促进文旅融合、激发文化创意活力等方面推动

图 5　砥园口袋公园改造前后对比图

图 6　代表性文艺活动图片

（a）

（b）

图 7 代表性文化品牌

区域持续更新发展，更好地为深圳城市文化创意内容创新发展服务，最大程度发挥南头古城的社会效益。南头古城除居住业态外，引入更多文化、设计、创意型产业和内容，带动区域新增文化产业就业岗位，以此更新人群结构与激发街区创意活力。在促进文旅融合方面，南头古城多元业态内容及空间场景成为深圳最热门的文化休闲目的地，年访客量达到880万人次。在文化创意活力激活方面，南头古城联合深港代表性创意机构、政府单位等策划了友谊书展、艺穗在古城、音乐生活节、深圳设计周、创意十二月、深港城市\建筑双城双年展分展场等多个城市级艺文活动，通过汇聚多元灵感，建立起文化创意活动矩阵。

2. 经济效益

南头古城开街后注重引入优质文化、艺术、创意产业与多元业态，打造具有人文底蕴与创意活力的全域历史文化聚落。现已集合文化展览、非遗博览、创意办公、文化创意、精品零售、特色餐饮、休闲餐饮、精品民宿/酒店、长租公寓等九大业态。目前已引入各

类品牌超190家，特色商业、创意办公等业态内容呈现强劲发展态势。

3. 品牌效益

南头古城凭借城市改造更新的新思路与新方式，在国内外各类重要奖项中脱颖而出，持续创造城市与社区的可持续价值。重点获评了联合国教科文组织亚太地区世界遗产培训与研究中心颁发的"2022'全球世界遗产教育创新案例奖'——探索之星奖"、2021住房和城乡建设部"老街区和老城区更新改造"城市更新第一批示范项目、2020年国家重点研发计划项目—科技示范工程、2023中国有机更新十大优秀案例、深圳市级文化产业园区、深圳十大特色文化街区、2021世界建筑节·中国（WAF）——杰出设计奖、IFLA ASIA-PAC亚太地区景观设计奖（文化以及城市景观类别荣誉奖）、德国if奖——南头古城导视系统设计、德国if奖——南头古城同源展、第九届深港城市\建筑双城双年展优秀实践奖（图8）。

图8 代表奖项

中国城市更新和既有建筑改造典型案例 2023

公共服务设施

西安幸福林带建设工程 PPP 项目

北京工人体育场改造复建项目（一期）

嘉兴火车站及周边区域提升改造工程

首开寸草亚运村城市复合介护型养老设施项目

西安幸福林带建设工程 PPP 项目

供稿单位： 中建丝路建设投资有限公司

项目区位： 西安市东郊，万寿路与幸福路之间，北起华清路，南至西影路

总设计师： 赵元超

项目团队： 范明月、杨勇、史娟、李生龙、张宗有、周仁荣、马慧勇、杨文社、张伟哲、宋凯光

投资单位： 中建西安幸福林带建设投资有限公司

设计单位： 中国建筑西北设计研究院有限公司、中国市政工程西北设计研究院有限公司、甘肃中建市政工程勘察
设计研究院有限公司

组织实施单位： 西安市幸福路地区综合改造管理委员会

施工单位： 中国建筑股份有限公司

设计时间： 2017 年 9 月 25 日

竣工时间： 2021 年 6 月 30 日

更新前土地性质： 公园绿地

更新后土地性质： 公园绿地

更新前土地产权单位： 陕西省西安市新城区政府

更新后土地产权单位： 陕西省西安市新城区政府

更新前用途： 居住建筑、工业建筑

更新后用途： 公共建筑

更新规模： 地下空间 70.7 万平方米，景观绿化 74.2 万平方米，市政道路 59.1 万平方米，综合管廊 12426.6 米，
地铁配套 6100 米

总投资额： 人民币 194.53 亿元

● 更新缘起

20 世纪 50 年代，幸福林带项目所处的西安市新城区落户 6 个苏联援助军工厂，新城区成为西安重要的工业区。经过 20 世纪 30—40 年代的兴起，50 年代的发展，直至 20 世纪 80—90 年代，新城区工业生产和商业贸易并驱而行，中心城区功能日益突出。2000 年，跨入新世纪，我国经济发展驶入快车道，各类新兴产业迅速发展。但在此期间，作为老工业区的新城区由于缺少新型产业，经济发展动力不足，较西安其他地区发展处于低洼趋势，更由于城市规模快速粗放式膨胀以及城区建设规划欠缺，老城区道路拥堵、环境恶化、基础设施滞后、生活品质下降等问题逐渐突显，特别是在与南邻的曲江新区、北接的浐灞生态区的对比下明显滞后，城市更新已迫不及待。

● 项目目标

1. 实现城市土地资源的高效集约利用；

2. 提高区域基础设施建设水平；

3. 改善区域交通拥堵现状，实现南北向快速交通和区域内高效集散交通功能，并打造"P+R"高效绿色出行体系；

4. 改善修复区域生态气候环境，缓解城区热岛效应；

5. 改善城区市容市貌，为市民提供充足的休闲娱乐场所，全面提高市民生活品质。

● 更新亮点

1. 设计创新

（1）创新"市政 – 地下空间综合体"城市空间复合开发模式，统筹考虑、合理布局景观绿化、地铁配套、综合管廊、市政道路四大市政业态及地下空间商业综合体，实现了城市空间资源的集约化利用，提高了区域基础设施建设水平，改善修复了区域气候环境，减少区域碳排放（图 1）。

（2）幸福林带项目全段采用屋顶绿化形式，在地下空间顶板上方预留不低于 2 米厚的覆土进行绿化种植，将建筑物变为可生长、可呼吸的生态建筑。并利用土壤稳定的抗温度波动特性，有效隔绝外界环境气候对室内空间的干扰，减少地下建筑冬夏季室内空调负荷，降低建筑能耗、减少碳排放。

（3）幸福林带沿中轴线设置 24 处下沉广场和 34

图 1 "市政 – 地下空间综合体"集成开发模式

处雨滴状天井，将阳光、空气、绿色引入地下，解决地下建筑的自然通风和采光问题，消除传统地下建筑压抑逼仄感，同时，广场和天井可作为安全疏散空间，很好地解决地下建筑消防疏散问题。

（4）综合考虑项目区位及业态组合特点，构建由市政道路网络、地铁网络、互联互通出入口、景观天桥、地下联通车库、商业内外街、园路组成的地上-地下立体综合交通枢纽，打造高效、便捷、通畅的交通系统。

（5）设置243处导光管采光系统，捕获室外太阳光，为地下车库提供照明，减小照明能耗，减排二氧化碳。

（6）考虑冰球馆与游泳馆是两种能源回收利用上互补的建筑业态，构建余热回收利用系统。夏季和冬季，冰球馆的制冰系统会排出大量的废热，释放到环境中，利用热回收系统，将这部分废热回收，用于游泳馆中运动员洗浴的生活热水。综合评估，热回收潜力达到80%以上，节能率达50%以上。

（7）主廊标准断面采用"田字"型断面，减小用地宽度，提高土地利用率，在有限空间内，充分满足管廊敷设要求及管廊节点外扩等需求。东西向连廊均采用平舱矩形断面，尽量降低断面高度，避免在穿越地铁段及商业南北向通道段与相关业态互相冲突、影响。

（8）综合管廊田字形标准断面中隔板采用梁格形式、梁间设钢格栅板，既解决上下舱通风问题，又可减少土建及附属设施，降低工程投资。

（9）管廊出线支廊选用顶管/暗挖设计方案，减小施工对两侧道路的影响；出线井平面尺寸小、深度大，设计采用倒挂壁基坑支护结构与内衬层形成叠合结构作为永久结构，节约工程投资。

2. 技术创新

（1）自均衡多束预应力锚索

以锚索连接器与预应力锚索组合实现对支护桩的拉结固定，免去传统支护结构中型钢腰梁的使用，有效节约钢材，减小了无效肥槽宽度，节约土方开挖回填量，并给结构工程保留充足的施工空间。喷护施工完成后整个基坑侧壁为一平面，无腰梁凸出，基坑外观质量得到有效保证。锚固块对支护桩施工误差要求小，能更好地控制基坑的变形，降低基坑施工风险。同时，施工工序简单易操作，各工序之间衔接紧密，工艺间歇少，可有效缩短工期（图2）。

（2）超长地下结构渗漏防治技术体系

发明一种基于圆环法的混凝土早龄期温度应力试验设备，采用具有低热膨胀系数的铟钢环作为约束圆环。因温度在0～60℃之间变化时铟钢环的应变可忽略不计，可以定量测试混凝土早龄期在温度变形和自收缩变形共同作用下的性能参数，据此制定了7天自收缩率小于万分之4的超低收缩混凝土的配制标准。

发明一种城市地下空间专用高抗渗补偿收缩混凝土及其制备方法。通过加入微珠、尾矿石、纳米矿粉和粉煤灰，降低混凝土的孔隙率，提高密实度；通过加入微珠、膨胀剂及水泥基渗透结晶材料降低混凝土的收缩，水泥基渗透结晶材料同时又可有效对水泥硬化时产生的微裂缝进行修复；通过加入玄武岩纤维及聚丙烯网状纤维，进一步提高混凝土的抗渗性及抗

图2 采用自均衡多束预应力锚索技术施工的基坑侧壁支护面完工效果　图3 自密实固化黄土现场配置及回填效果

裂性。

遵循"多道设防、刚柔结合、反应抗渗"的理念，研发了一种地下结构多元复合防水技术。采用超低收缩混凝土结构形成有效的结构防水，结构内侧喷涂一道渗透结晶防水剂，结构外两道外包式柔性防水层采用喷涂速凝橡胶沥青与 HDPE 片材复合。

在分段式结构连接处设置有特殊变形缝，通过弹簧阻尼器、限位器及多个连接部件组合而成的弹限装置配合止水带的安装，形成了止水、减震的多重防水技术。一方面用于分段式地下结构连接处的止水，防止地下水渗漏；另一方面协调连接段变形，防止沉降变形破坏。

"抗裂抗渗结构"+"防水技术"构建地下结构渗漏防治体系，提高了地下结构抗地裂缝变形能力，在西安幸福林带等超 400 ~ 450 米地下结构中成功应用，有效解决超长地下结构"开裂、渗漏"问题。

（3）湿陷性黄土地区回填加固技术

结合西安地区土质特点，发明适用于湿陷性黄土的复合减缩剂。通过细粒黄土、水、水泥、粉煤灰及发明的复合减缩剂，配制满足回填要求的自密实固化黄土，使其具有一定的流动性、强度、抗渗性。用于狭窄肥槽和林带主园路地基回填，保证回填质量，提高回填效率，并实现场地废弃渣土的再利用（图3）。

3. 模式创新

西安幸福林带建设工程以 PPP 模式（以下简称 PPP 模式）实施，项目公司在合作期内负责市政道路、绿化景观、地下空间（含公共服务配套一、二，地下车库及人防）部分的投融资、设计、建设和维护。市政道路、绿化景观、地下空间（公共服务配套一）部分通过收取可用性服务费及维护服务费收回投资并获取合理回报。地下空间（公共服务配套一）、地下车库（部分兼人防）通过收取租金及政府补贴（或有）收回投资并获取合理回报。综合管廊、地铁配套部分由实施机构负责先行建设，由行业主管部门或政府指定单位回购及运营维护。PPP 模式的实施缩短了前期工作周期，降低项目费用，减轻政府财政负担，政府部门和社会资本取长补短，发挥双方优势。

4. 运营创新

西安幸福林带作为全球最大的地下空间综合体，与目前主流建筑商业综合体相比，呈现出建筑面积大、人员流量大、业态种类丰富、建筑环境需求和机电系统运行关系复杂等特点。着眼于幸福林带建成后 21 年的运营期，建设了一个高效、协同的智慧运维管理平台，实现幸福林带的便民服务、高效管理，重点体现"数字孪生可信可管、智能服务无缝覆盖、知识发现智慧运营"。另外，研发了复杂场景人流量动态识别技术、中央空调系统自动故障诊断技术以及能源系统智能云管控一体化技术，通过智能化数据采集和先进算法提供低碳运营的解决方案，实现了西安幸福林带的低碳化运维（图4~图9）。

● 更新效果

通过改造，片区内原老旧建筑拆除，架空线缆、地下浅埋无序老旧管线废除，破旧狭窄的市政道路破除，取而代之的是景观绿地公园，体育、文化、商业

图4 更新前韩森路以北现状

图5 更新后林带北侧现状

图 6　更新前韩森路以南现状

图 7　更新后林带南侧现状

图 8　更新前韩森路附近近景

综合体，停车场，综合管廊，地铁，新建市政道路。景观绿地公园的建设必将缓解区域热岛效应，改善区域风环境，降低区域总碳排放量。同时，体量庞大的景观绿化公园为市民提供充足的休闲娱乐场所，全面提升市民生活品质；地下一层综合体满足市民运动健身、购物餐饮、文娱休闲需求；地下二层为市民提供足量停车位，彻底解决停车难、占道停车问题；综合管廊收纳区域内给水、再生水、电力、通信、中压天然气及热力六类管线，彻底解决路面"蜘蛛网"现场、高压线塔侵占道路、地下管线无序老旧问题，并通过管廊对管线的统一收纳管理，消除管线维修反复开挖路面现场，并大幅度缩减运维投入；幸福林带地铁是西安地铁8号线的组成部分，与西安地铁6号线、1号线、7号线交叉换乘，地铁的建成通车将极大地缩减市民出行时间，缓解交通拥堵现象，并为区域引入人流，拉动区域经济发展；市政道路的建设将有效改善西安市东郊的通行能力。此外，幸福林带的建设极大改善幸福路地区公共服务配套设施，必将吸引大量优质企业落户该区域，拉动区域经济增长。幸福林带的建设必将成为地下空间集约利用的典范，促进全国地下空间开发利用（图10、图11）。

图9 更新后韩森路附近近景

图10 更新后市政道路实景

图11 更新后综合管廊实景

179

北京工人体育场改造复建项目（一期）

供稿单位：中赫工体（北京）商业运营管理有限公司

项目区位：北京市朝阳区工人体育场北路

项目团队：丁大勇、宋鹏、宓宁、许川梅、张闯、孟繁伟、赵广新、孙国强、李欣、王猛

投资单位：中赫工体（北京）商业运营管理有限公司

设计单位：北京市建筑设计研究院有限公司

组织实施单位：北京市总工会、北京市体育局、北京职工体育服务中心、中赫工体（北京）商业运营管理有限
公司

施工单位：北京建工集团有限责任公司

设计时间：2020 年

竣工时间：2022 年

更新前土地性质：A4 体育用地

更新后土地性质：A4 体育用地

更新前土地产权单位：北京职工体育服务中心

更新后土地产权单位：北京职工体育服务中心

更新前用途：体育公共服务

更新后用途：体育公共服务

更新前容积率：/

更新后容积率：0.73

更新规模：38.5 平方米

总投资额：人民币 67.2 亿元

● 更新缘起

工人体育场主体结构已达到使用年限，期间虽进行了几次结构加固和设备改造，但安全性问题依然突出。同时，工人体育场原设计标准已相对落后，设施设备陈旧，相关功能老化，无法满足举办国际大型专业足球赛事的功能要求，亟须进行改造重建。2019年中国取得第18届亚洲杯承办权后，根据市委市政府重要决策，工体将改造成为一个专业足球场，以满足国际赛事对现代化专业足球场的要求（图1、图2）。

项目目标

改造后的工人体育场可满足国际足球赛事承办要求，同时兼顾足球俱乐部日常比赛、大型演出活动等需求。配套服务用房将面向群众开放，是集体育、购物、休闲、文化、娱乐等功能于一体的综合性消费载体。改造启用后的新工体，在承办赛事的同时，将大大丰富首都人民的业余生活，增加城市的活跃度及足球爱好者的生活幸福指数，带动北京市体育运动发展以及周边商业的经济增长。未来商业配套及公共设施的投入使用，将成为市民开展公共体育活动、四季休闲健身之地。

● 更新亮点

1. 设计创新

作为承载首都乃至全国人民情感和记忆的首都新地标，改造后的工体遵循"传统外观、现代场馆"的原则，既保留了城市群体的共同记忆和精神连接，又得以在功能性上紧跟时代脚步。匹配办赛需求，从看台碗造型、专业草坪、增设罩棚、比赛设施配置、功能配套等各方面进行了全方位的升级（图3、图4）。

新增的球场罩棚可以极大提升在极端天气下的办赛能力和观众的观赛体验，满足亚洲杯及未来更高等级国际足球赛事的办赛要求。这次新增的罩棚具备遮阳、照明、排积水、融雪、光伏发电和吸声降噪等六大功能，并具备在未来设置环形LED屏幕及灯光秀的条件。

北京工人体育场在场内观众席的台口下方设置了水雾降温系统，可向观众席释放颗径在1~10微米的水雾颗粒，通过降温区域空气中水雾颗粒的汽化，吸收周围环境中的热量，从而降低观众席的温度，是室外空间防暑降温的有效手段。不仅可以提升观众的观赛体验，而且在疫情等特殊情况下，水雾系统还可以

图1 老工体俯视图

图 2　老工体内景

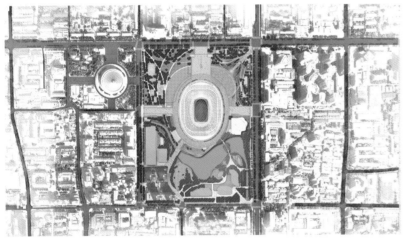

图 3　规划设计图 1

图 4　规划设计图 2

通过灌注特定溶剂来辅助体育场的整体消毒工作。

在建筑外立面空间不变的情况下，通过观赛坡度设计，全场座位提升至近 6.8 万席；增大座椅行距和间距，观众观赛的舒适度得到大幅提升；东西侧看台座椅距离球场草坪最近处只有 8.5 米，南北侧最近距离为 10 米，大大提升了球迷现场观赛的沉浸体验。本次改造，除了上看台、下看台外，还增加了中看台，以及包厢层、Club 层等空间（图 5）。

新工体各层都配置了为球迷服务的休息厅，提供多样的观赛、休息、活动场所和服务。观众不仅可以在看台上观赛，还可以在球场内的餐饮及零售点享受服务，并通过视频、投影等方式实时关注比赛进程，多维度大幅提升了球迷的观赛体验（图 6）。

项目整体更新还应用了海绵城市理念，以适应环境变化，弹性应对自然灾害。红线内设置 10 个收集区域和 10 处集水坑，通过管网筛滤、透水铺装和地表覆土等景观措施，以及南侧湖面的辅助利用，将自然途径与人工措施相结合，在确保城市排水防涝安全的前提下，最大限度地实现雨水在城市区域的积存、渗透和净化，促进雨水资源的利用和生态环境保护。

2. 技术创新

（1）城市核心区大型体育场馆更新绿色施工技术

针对服役期满大型场馆在拆除中可能出现的坍塌、倾覆等问题，通过分析关键部位的结构强度，采用有限元仿真模拟技术，进行模型计算，对比并优化拆除顺序和方

图 5　新工体俯视图

图 6　新工体内景

法，确保拆除过程的施工安全。在保证工期和经济性的前提下，对大型场馆进行分区域、分步骤的适度分类拆除，减少混杂建筑垃圾的产出，为后续资源化处置提供基础。基于各类再生材料性能特性，提出了面向北京工人体育场周边基坑与肥槽回填、场地铺装、二次结构、周边道路等多场景需求的再生产品体系化开发与应用技术。针对冗余土产量大和性状不稳定造成的资源化利用困难，进行了固化剂体系和流态回填材料的研究，开发出面向工程应用的系列产品，并成功应用于北京工人体育场复建中。对混凝土类再生骨料开展按强度分类的高附加值利用研究，改变目前粗放的一并式低规格应用方式。针对混杂类再生骨料成分复杂、均一性差等问题，分别进行了水泥稳定再生无机混合料和石灰粉煤灰稳定再生无机混合料的制备研究，并进行了示范工程的应用评价分析（图7）。

（2）密实砂卵石层水泥土复合管桩施工技术

工体项目工程桩多达1.5万根，项目团队为解决城市核心区混凝土用量大，对周边环境降低影响的问题研发了一种城市核心区密实砂卵石层水泥土复合桩施工技术。水泥土复合管桩施工技术实现引孔植桩流水化施工，工效高于灌注桩施工工艺，同等设备数量的情况下，可节约工期35%。同时还避免了后期桩头大量剔凿，降低成本，减少了材料消耗，节能环保。目前该技术获得了北京市工法、科技成果鉴定国际先进水平。

（3）高精度预制清水混凝土弧形看台制造及安装技术

由于体育场的"超级碗"造型，弧形清水混凝土看台板构造多，截面形式较多，存在多处特殊部位，

项目团队考虑生产工艺及环保因素，研发了高精度预制清水混凝土弧形看台制造及安装技术。对模具进行构造设计改进，采用自动化下料设备及焊接机器人，确保模具成品质量；本技术还完善了看台板所存在的各种工况，实现各专业的预留预埋需求，开创了预留形式和后期施工良好的对接方式，并且形成了一套利用BIM各类软件，综合设计的方法。解决了大体量、多构造的看台板拆分和标准化的难度问题，解决了专业融合度低以及后期大量后锚固、开孔、焊接等破坏性施工问题，保护了看台板本身，提高了整体质量，提高了施工效率，减少了施工对环境造成的污染。

（4）钢结构拱壳屋盖施工技术

国内首次使用三维摩擦摆隔震支座，在用于水平隔震的摩擦摆支座基础上，增加竖向弹性单元，用以调节上部屋架结构相邻拱肋的竖向刚度，协调上部结构竖向变形，使得上部屋架在静力作用下的钢构件和支座受力更加均匀，改善了整体结构安全性。减小施工误差导致的屋盖内力，使得下部混凝土结构和上部

图 7　老工体特写

钢结构的施工精度不必控制得过于严格，满足了施工便利性需求。减小上部屋架地震作用下的层剪力，屋架结构地震作用可减小 80% 以上。减小屋盖结构的温度作用，根据分析，采用三维隔震支座，屋盖环梁和拱肋的温度内力可减小 95% 以上，大大降低用钢量和钢结构加工、运输和安装难度。该施工技术研究与应用科技成果鉴定已获得国际领先水平。

（5）大型体育场馆多功能集成屋面系统建造技术

项目屋面幕墙为三交六椀菱花式幕墙体系，总面积约 7 万平方米，涉及 11 个系统。针对超大体量幕墙施工，项目团队将菱花式幕墙体系划分为 6 个三角单元。将三角单元龙骨与幕墙材料相结合组装一体，通过 V 型可调节支座与主体结构相连接，实现地面集成化拼装而实现屋面吊装，达到装配式施工要求（图 8、图 9）。

板块主要面材为高透光率定制聚碳酸酯折线波形板，采用点式固定的方式，考虑到聚碳酸酯折线波形板的热胀冷缩对固定点的影响，采用滑移端的连接固定；水槽的安装遵循瓦式搭接的原理，为提高铝板水沟的防水性，在所有水沟铝板安装完成之后，通常满铺一层 PVC 防水卷材，PVC 防水卷材也采用自下而上的顺序安装，所有搭接位置均采用高搭低的瓦式搭接构造，搭接尺寸不小于 50 毫米，做到防排结合，滴水不漏。同时项目把幕墙与光伏组件完美融合于一体，真正实现了绿色建筑，达到节能减排效果。幕墙系统

上的泛光功能能够适应较多的体育场应用场景，确保体育场文体活动效果。

（6）专业足球场草坪系统施工技术

①新工体草坪采用了地下真空通风排水系统。地下通风系统的专用风机和特殊设计的管网与地下管道网络相连，通过机组施压，在场地积水过大时开启吸气模式、在场地温度较高或较为潮湿时开启吹气模式，通过不同模式，实现加快排水、降低温度及输送空气的功能，为草坪生长创造有利条件。②地下低温加热系统利用市政供热为热源，通过板式换热器换热至以低温丙二醇为热媒的草坪，加热系统管道为草坪增温，通过控制系统控制温度，使草坪表面正下方根部保持 8 ~ 10℃适宜草生长的温度。③自动喷灌系统的喷灌泵变频控制，采用地埋式喷头进行喷灌，按照设定，定时对草坪进行喷灌作业，满足草坪生长所需水分，从而确保了新工体的草坪四季常青，性能满足办赛要求。

（7）智慧场馆智能建造技术

利用智能建造平台将现场系统和硬件设备集成到一个统一的平台，将其中产生的模型、质量、安全、进度、技术、劳务、环境、视频监控、塔吊防碰撞系统、党建等数据汇总和建模形成数据中心。基于平台将各子应用系统的数据统一呈现，形成互联，项目关键指标通过直观的图表形式呈现。智能识别项目风险并预警，问

图 8　新工体外立面

图9 新工体内景

题追根溯源，帮助项目实现数字化、系统化、智能化，为项目管理团队打造一个智能化"战地指挥中心"，大大提高了沟通效率和数据共享能力，为项目施工决策提供综合全面、及时、有效的数据支撑。科技赋能新工体日常运营管理，全面建设适度超前、功能完备、可拓展的智能化基础设施，形成高速全覆盖网络保障、高度智能安防保障、一站式综合服务保障。

为满足新工体"特色元素不变"的要求，对原工体特色构件"窗花""雕塑"等构件进行三维激光扫描，形成数字档案。采用3D打印技术将老工体窗花、雕塑原貌复刻在了新工体中，通过数字化测量技术，实现弧形等异形构件精确定位。

通过建筑机器人集群应用、智能装备的研发应用，实现项目创效6%以上，减少项目施工作业人员数量5%～10%。提高工程项目的智能化、数字化水平，实现从传统人工作业模式转变为智能施工模式和传统的事后验收监控方式转变为实时在线监控方式，从而驱动施工项目管理升级。

3. 节能减排方面

在出挑构件、女儿墙等外围护结构的热桥部分均采取保温措施、低区充分利用市政水压；采用直接供水方式，污水、废水分设系统；电源中心靠近负荷中心设置，减少配电电缆负荷损耗；采用高效LED节能灯具；采用建筑设备监控管理系统对给排水、通风空调等设备进行测量、监控，达到最优运行方式；空调系统采用全热回收型新风空调机组，回收空调排风中的能量；在地下通道与室外相通的主要出入口均设置热风幕，减少能量损失。通过以上多方面设计手段，达到节能减排效果。

（1）模式创新

项目资金引用社会资本，采用PPP项目模式，由项目公司投资、建设，复建完成后将持有40年运营权。营业收入主要包括配套设施（租金、物业费）、体育场及足球相关（包厢、门票、场租、广告）、大众健身相关（场地费）、停车场（租金）收入等。

（2）运营创新

重新打造的工人体育场，体育、音乐、艺术、时尚多重业态并存，场馆、公园、商业一体化运营。具备户外活动与多样的公共设施，是一座社群导向的城市文化公园、文化交融的城市艺术空间、话题IP的品牌策展空间；各具特色的主题街区、更加多元体验的夜经济、线上数字孪生平台的打造，智慧化建设促进管理提质增效。

● 更新效果

新工体的建筑设计风格既保留了原有工体作为新中国"十大建筑"之一的历史风貌，又符合引领当下足球观赛和观演建筑的标准和运营需求。改造后的新工体地上仅保留工人体育场单体建筑，不设围墙，恢复1959年建成初期原有开阔、疏朗空间形态并将建成占地面积约13万平方米的世界级城市公园、3万平方米湖区和公园内环1公里健身跑道，并在体育场屋顶设置800米城市景观环廊。恢复其作为大众体育文化生活空间的定位，助力全民健身事业的发展。

改造复建后的工体，将迎来3号线和17号线两条地铁直接与场馆的无缝连接。其出入口巧妙地融入了地下综合体，实现了城市轨道交通与周边地下空间多层互连互通，使地下空间资源得到综合开发利用，为市民提供便利出行、宜居生活、品质消费、健康运动的一站式生活服务。

南部保留了开阔的湖区，并对水岸进行了生态化设计，生态水岸富有弹性，可以在水岸不硬化的同时做到防洪蓄水，扩大湿地面积，保护生物多样性，也可满足市民的亲水需求。

改造复建之后的工人体育场，将成为一个"国际一流专业足球场"，银杏林、草坪、湖面等优美景观，将在城市核心区共同为市民营造出一片绿色、共享的体育空间。成为首都的"城市地标、文体名片、活力中心"。

嘉兴火车站及周边区域提升改造工程

供稿单位：中国建筑第八工程局有限公司

项目区位：项目位于浙江嘉兴市南湖区，纺工路以西、平湖塘以北、环城河以东、勤俭路以南，为嘉兴主城区、
老城市中心南湖区核心。

总设计师：马岩松、党群

项目团队：姚冉、俞琳、曹晨、陈念海、程相举、程绪想、师鹏名、宋骅龙、李春武、沈玛、于军、周学飞

投资单位：嘉兴市经济建设投资有限公司

设计单位：MAD 建筑设计事务所、同济大学建筑设计研究院（集团）有限公司

组织实施单位：嘉兴市政府、上海铁路局

施工单位：中国建筑第八工程局有限公司

设计时间：2020 年 12 月

竣工时间：2022 年 1 月

更新前土地性质：公共用地

更新后土地性质：公共用地

更新前土地产权单位：嘉兴市经济建设投资有限公司

更新后土地产权单位：嘉兴市经济建设投资有限公司

更新前用途：交通枢纽

更新后用途：交通枢纽、城市综合体

更新前容积率：大于等于 0.5

更新后容积率：大于等于 1.5

更新规模：35.4 公顷

总投资额：人民币 43 亿元

● 更新缘起

嘉兴火车站建于 1907 年，1909 年投入使用，是当时沪杭线上重要的交通枢纽。1921 年 8 月 3 日，中共一大代表们正是沿着沪杭铁路到达嘉兴火车站，完成了中共一大会议，宣告了中国共产党的诞生（图 1）。火车站后于 1937 年被日军炸毁。

改造前的嘉兴火车站为二次重建，建于 1995 年。当时站房面积仅为 4000 多平方米，且候车能力不足、既有客运设施陈旧老化，同时也面临着交通基础设施在城市中常见的尴尬境地，由于区块基本仅为交通功能提供服务，造成片区与人们日常生活环境割裂，交通状况欠佳等城市问题（图 2）。

项目目标

项目设计整体上确定了风貌总控设计方与整体实施总控设计方。在沟通层面，建立了地方一把手牵头的各部门协调机制，并与铁道部门达成共识，一起参与到这个协调机制中，最终形成了一个包括整体决策方、甲方、各设计单位，以及各参建单位的项目共同体，这在后期的实践中被证明是有效和必需的。在设计层面，重点把握城市生命体与场所基因的概念，将相关联的时空要素进行有机整合，以实现整体场所重塑。经各方多次讨论磨合，首先确定拆除 1995 年所建的火车站，改扩建站场，并在站场南北新建站房。同时在北广场中轴线上按原尺度复建 1907 年的火车站，以重塑其重要历史地位。为了不干扰复建站房对北广场的空间统领感，将新建站房置于地下一层，地下候车厅空间与一层通高，使地面部分体量低于复建站房。将北广场与人民公园之间的城东路在本区段整体下穿，使人民公园与北广场在地面层直接相连，将更多的地面空间还给步行和休闲活动，同时也将人民公园的"绿色"延伸到了北广场，"森林中的火车站"雏形初现。此外，南广场也延续了北广场的设计理念，下沉车站，地面及屋面大面积覆盖绿化，由此以"森林中的火车站"的概念完成对整个嘉兴火车站区域的风貌总控（图 3）。

图 1　改造前 1907 年火车站

图 2　改造前 1995 年火车站

图 3　森林中的火车站

同时，对火车站客流量进行预测，对公交线路进行梳理和疏解，与有轨交通的规划和设计进行对接，由此确定了"过进分离，人车分离，接送分流，私租分离，快慢分离"的交通组织原则。"以南为主，以北为辅，预留充分，保证品质"的整体交通构思逐渐成形。

对1921年历史场景的重现则是以火车站旧址所在的宣公弄片区为主。在此，更关注场地的原生自然和衍生自然的关系，引入自然营造学的思路以文保建筑——第二座火车站的修缮及合理利用为核心，依托现存场所要素，恢复河道，合理改建及新建建筑，营造整体景观环境，对当时的场景进行适度还原的同时叠加时间的痕迹，打造新时代的宣公弄片区（图4、图5）。

由此，整个项目的设计范围得以确定，即对纺工路以西、平湖塘以北、环城河以东、勤俭路以南共约35.4公顷范围内的所有城市要素进行一次整体有机更新（图6）。

整个项目包括嘉兴火车站的重建及站场的改扩建，

嘉兴站南北广场地上、地下空间的新建，各类交通枢纽及换乘流线的组织，北广场城东路的下穿，嘉兴老火车站原址片区文保、历保建筑的整修，按传统街巷新建地上建筑的同时增加地下空间，火车站原铁路用房的还建，人民公园及周边的整修与提升，以及其他各保留建筑的外立面修整等。

上述工程内容共分为四大片区：嘉兴火车站站场及站房区域改扩建；宣公弄片区更新与时光长廊；北广场，人民公园及周边区域；南广场。

● 更新亮点

1. 设计创新

传统意义上的火车站是工业化和城市化进程的产物，而嘉兴火车站通过引入"公园"这一类型，实现了对工业化空间秩序的瓦解。更进一步地，项目通过对纪念性的表达及消解、基础设施综合体的工业性特征与日常生活及消费空间对其的渗透，完成了对"火车站"这一源自工业革命时期的建筑类型的重新定

图4 改造前宣工弄区域

图5 改造后宣工弄区域

图 6　嘉兴火车站地址位置

图 7　规划图

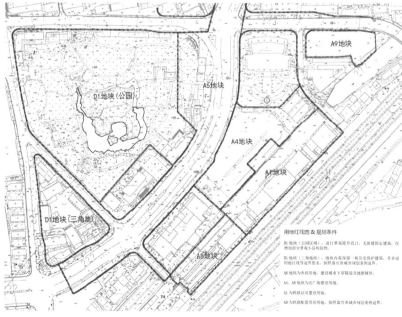

图 8　用地规划

义。正如后现代城市空间一般，新的火车站成为一系列具有差异性甚至是即兴发生的活动与事件的空间框架。

市政与房建、铁路工程与民用建筑、城市公共交通枢纽与民用建筑在常规状态下都是红线内外各自为政的独立工程，而这类红线的实质不少也是土地用地性质的划分界线。而在本项目中，为保证整体方案能落实推进，设计先是在一个大红线范围内进行，通过打破土地用地性质或公共空间的单一功能界定，增加多功能叠加的空间可能性，最终达到提高土地公共使用效率的同时，提升整体城市空间品质的目的。最后由于需要报批而切分各项目时，也是在不同标高内分别划分红线，通过空间上的切分来处理。这在南北广场的交通及其他功能的整合设计中体现得最为明显（图 7、图 8）。

北广场的城东路下穿原本是个市政项目，火车站站房及出站区一般属于铁路房建工程，地下商业、停车等多属于民用建筑，公园改造又是景观园林项目，而在本工程北广场的设计过程中，上述各部分几乎完全融合在了一起。设计的过程是通过先跨界、再分界，将不同城市功能空间立体布置，对城市用地集约化使用，在非常局促的空间内解决了城市道路交通问题和停车问题，同时还把地面交给了绿化，还给了城市以及城市里行进和游憩的人们。南广场除了作为火车站人流疏解以及出租车、网约车的上下客及蓄车场外，还承载了更多的城市公共交通功能，如有轨电车、预留地铁站、公交车首末站点等；原铁路用房的还建也更多地结合南广场设置。上述功能都与南广场其他民用功能一起，融合在了整体开挖的地下两层及地面空间，而其间的红线也是在地面、地下各层分别划定的。

在地铁预留的问题上，各方经过多次争论，最终确定了打破原地铁预留红线的做法，按"站城一体"的思路同步规划。将地铁空间结合在整体地下室方案中一起设计，并完成结构预留，从而保证了南广场地下空间得以合理规划和充分利用，也保证了地面建筑形态的完整性，以及整个南广场开发的合理性。

而既有建筑原有的红线也需要考虑和衔接，面对这类问题的策略就是将建筑单体以外的部分与城市整体考虑，周边的环境和交通组织都尽量融入城市。人行道统一考虑铺设，建筑单体交通出入口根据外部交通的调整作同步调整，建筑单体红线范围内的景观也纳入整体风貌控制一起考虑（图9、图10）。

设计将站前商业也布置在地下，与火车站和市内交通枢纽直接连接，并且通过下沉庭院与地面上公园垂直连通。绿洲之下，四通八达。赶路的旅客可直接从地下一层快速进出，闲情逸致的游客可从公园步行穿过，参观一大路片区的历史博物馆后至地下商业，游玩消费后再踏上旅途。

2. 技术创新

基于项目有机更新及多要素统一整合的策略，以及融合边界的空间方案，结构专业的设计也是按不同子项之间"不分你我、相互支撑"的思路进行整体设计。地下围护一体化考虑；地铁和有轨电车以及与站房的边界进行跨设计单位设计；跨施工单位施工等。这一方面是设计合理性使然，另一方面也为缩短工期提供了可能。

同时各设备专业也需要高度整合，做到无缝衔接。铁路建筑、市政设施、房建和园建需要跨界面精准对接，同时还需要保证和片区内原有的各类管线、系统精准对接，才能使整个项目作为一个有机的城市综合体正常运行。这就需要细分各子项工程的各个专业，使每个子项工程、每个系统的各专业都能找对点、接上线，从而实现整体系统的顺利对接。这一方面是设备系统的跨边界设计整合，另一方面也是不同设计方设计过程的磨合。

由上各层面解析可见，本项目作为一个城市片区的整体更新，首先是在面对城市复杂的综合系统要素时，坚持整体整合的理念。从规划管理层面，到空间设计层面，再到技术执行层面都贯彻和坚持这样的思路，以先合理打破、再有机融合各界面的方式，最终完成整个项目的综合设计。同时，这种理念和方式能够确定且高效地落地，得益于整个项目合理的机制建构，在明确的目标设定下，项目共同体在基于多要素开放界面的讨论、博弈与沟通中能较为迅速地形成集中决策。希望这种操作方式与机制对类似的综合性城市片区更新项目能有些许启示。

嘉兴火车站是一座智能绿色车站，设计按绿色建筑三星级要求，大量使用新工艺、新材料。站房屋顶采用太阳能光伏板，作为绿色环保建筑概念的重要部分，太阳能屋顶能将太阳能转化为直流电能并提供建筑物使用（图11、图12）。

同时，这座火车站还能自行收集雨水。雨水经沉淀净化后，可作为室内洁具冲洗水和室外绿植的灌溉。车站屋顶采用复杂的双曲面造型。玻璃肋幕墙的运用尚属国内站房首创，从而确保了造型的整体性和视觉效果的通透性。为体现极简风格，候车厅吊顶采用大

图9　区域分布

图10　站房屋面

图 11　室内场景

图 12　改造后火车站全景图

尺寸阳极氧化铝板作为基材。此外，考虑到这是一座半地下室火车站，设计师在站内安装使用了新风系统，增加了换气频次并在国内火车站设计中首次运用空气质量检测系统，让这座自己会呼吸的火车站气味更清新。

3. 模式创新

当传统意义上的火车站建筑被归为生产空间时，在当下中国经济结构由生产主导转向消费主导的背景下，嘉兴火车站探索了一种生产空间的"类消费化"，即通过将消费活动融入原来单一功能主导的非消费型空间，来致力于实现城市的功能混合与空间交融。车站南广场区域，设置展览、商业、酒店和办公等多种功能。消费空间的介入，使得火车站不再是一个经过之地，而具有了一种目的地属性。在候车大厅与散布于绿丘上下的七座碟状商业性建筑之间，它们虽各自有其本身的功能性目的和特定使用者，但位置的毗邻以及空间边界的模糊，使得流线和视线的互动极易发生。可以想象，当中央草坪上举办音乐节或是艺术展览之时，在站台上刚刚到达或是即将出发的旅客亦将不自觉地成为观众。"森林"或是"公园"在此不仅仅是一个空间意义上的类型，亦成为对一种自然的秩序的隐喻。

● 更新效果

嘉兴火车站的改造提升打破了人们对传统车站的印象，同时也对市政建筑、公共建筑的新定位、新功能作了一次积极的探索，对正在进行城市更新建设的中国城市带来转折性的启发意义。超越实用主义、功能主义，将市政建筑、公共建筑转化为高质量的人文城市空间，会是中国城市发展的下一个里程碑。

嘉兴火车站的改造提升不仅是嘉兴市落实长三角一体化发展国家战略、建设长三角核心区枢纽型中心城市的重大交通设施项目之一，也是为迎接建党百年、实施嘉兴"百年百项"工程的重大项目。

首开寸草亚运村城市复合介护型养老设施项目

供稿单位： 中国建筑标准设计研究院有限公司、北京首都开发控股（集团）有限公司、北京首开寸草养老服务有限公司

项目区位： 北京朝阳区亚运村安慧里一区甲 12 号

设计总负责人： 刘东卫

设计团队： 刘东卫、邵磊、姜延达、伍止超、秦姗、樊京伟、刘赫、俞羿、程鹏、蒋航军、王力、孙亚欣

投资单位： 北京首都开发控股（集团）有限公司

设计单位： 中国建筑标准设计研究院有限公司、清华大学无障碍发展研究院、立亚设计咨询（青岛）有限公司

组织实施单位： 中国建筑标准设计研究院有限公司

施工单位： 北京天鸿圆方建筑设计有限责任公司

设计时间： 2016 年 10 月

竣工时间： 2017 年 3 月

更新前土地性质： 居住用地

更新后土地性质： 居住用地

更新前土地产权单位： 北京首都开发控股（集团）有限公司

更新后土地产权单位： 北京首都开发控股（集团）有限公司

更新前用途： 社区闲置物业管理用房

更新后用途： 社区介护型养老设施

更新前容积率： 1.42

更新后容积率： 1.49

更新规模： 建筑面积 2232.6 平方米

总投资额： 人民币 1562 万元（含设备设施）

更新规模： 35.4 公顷

总投资额： 人民币 43 亿元

● 更新缘起

北京首开寸草安慧里养老介护设施项目位于北京朝阳区安慧里一区甲 12 号，地处亚运村区域。该社区是 1986 年为亚运会征地所建住宅区。总建筑面积 80 万平方米，总户数 7500 户，高龄老年人较为密集。虽然周边有大型综合医院，但社区内缺失面向高龄老年人的养老设施。项目原社区办公楼为首开闲置物业，总建筑面积 2232.6 平方米，建筑高度 13.6 米，四层部分砖混结构，三层部分为框架结构。从 2017 年年初项目接洽开始到竣工开业，历时 10 个月。项目总投资额 7000 万元（含设备设施）。

项目属于既有住区闲置办公楼建筑改造更新，实现了从项目前期策划、更新设计、技术研发、部品集成到施工建造全过程实施。完成了社区更新与养老建筑融合的建筑类型创新、设计标准与更新建造联合的体系创新、既有建筑改造与装配式结合的技术创新，内装部品与适老专项部品整合的集成创新（图 1）。

项目从立项之初就秉承与城市住区融合建设发展的基本理念。将住区公共开放空间部分通过合理的道路、庭院设置，引入周边住区的人们，将容易变得封闭的养老设施与外部保持密切的联系。

项目基于城市既有住区老龄宜居环境更新课题，

图 1 更新前闲置物业管理用房

作为我国较早城市复合型养老设施，切合当前我国融合式养老模式，以新型养老设施建设与服务模式增进民生福祉。新型城市复合介护型养老模式，融合社区养老、机构养老和居家养老为一体；在城市既有或新建社区中植入中小规模养老设施，既为需要高龄介护的老人提供日常生活支援及护理照顾的养老设施，也是社区居家养老的老年人就近使用的综合性活动与服务中心。面向高龄介护的老人的服务广泛、内容多样、类型丰富，代表了国际水平养老设施的多元化复合式发展未来趋势（图 2、图 3）。

图 2 建筑分析图

图 3 建筑分析图

同时，充实养老设施建筑内部的功能，设置多功能厅，定期组织活动，创造更多交流交往的机会，对促进多代人交流、活跃高龄者生活非常有效。作为新型复合介护型养老设施的代表性实践项目，采用与国际接轨的先进模式与理念，锁定城市中心区，为高龄失能失智老年人提供护理照护和生活支援。针对既有住区，不仅通过二次开发再利用，有效盘活城市大量闲置空间，更是通过介护型养老设施这一崭新的形式为住区宜居养老居住环境注入了新的生命力（图4、图5）。

● 更新亮点

项目强调与城市发展高龄者宜居环境建设问题相结合、注重建筑的社会属性与可持续性。设计研究时，关注项目从北京亚运村既有住区办公楼到住区的养老介护设施功能用途转变的生活价值与社会价值。有选择地保存既有建筑的原有风貌，使得城市住区发展的痕迹得以延续，又可为高

龄者养老设施环境建设发挥积极作用。同时，结合新的使用功能，以综合解决策略和技术手段对既有建筑改造更新，取得多元价值创新。

1. 社区更新与养老建筑融合的建筑类型创新

项目巧妙地将社区更新与养老设施建设融合，通过供给、建造、改善和管理既有住区闲置用房，建设高龄介护型养老设施有效缓解社区养老问题。项目作为社区新生的节点，为社区塑造令居民们引以为荣的优质居住环境，增添社区活力。

2. 设计标准与更新建造联合的体系创新

项目构建了城市复合型养老设施的标准体系，形成适老通用标准、综合配置标准、人文环境标准、健康宜居标准、绿色科技标准和介护部品标准六大设计标准。并针对既有建筑实际改造问题，在SI建筑体系支撑体和填充体完全分离的基础上，构建工业化改造的设计建造方法。管线与主体结构完全分离的做法，便于使用者在建筑后期

图 4 建筑内部实景

图 5 建筑外立面实景

■ 01适老通用标准
Elderly-fitness common criteria

■ 03人文环境标准
Cultural environment criteria

■ 05绿色科技标准
Green sci-tech criteria

■ 02综合配置标准
Comprehensive arrangement criteria

■ 04健康宜居标
Healthy and livable criteria

■ 06介护部品标准
Caring components criteria

图 6　设计标准与更新建造联合的体系创新

管理维护中进行内装改造与部品更换（图 6）。

3. 既有建筑改造与装配式结合的技术创新

作为既有建筑，其原有建筑结构多存在与新功能用途不匹配、改造受到限制等问题。项目主体结构体系的改造考虑了大空间布局，为空间多样化设计提供可能性，为集成部品模块化体系提供平台，为整体内装工业化改造打下基础。项目采用了装配式建筑新技术与新部品，外围护墙体采用了 ALC 板装配式外挂系统的干法施工，首次在养老设施建设中采用装配式内装整体解决方案（图 7、图 8）。

4. 内装部品与适老专项部品整合的集成创新

应对 21 世纪可持续发展时代背景下建筑行业普遍存在的资源能源消耗、短寿化问题，更新项目需围绕可持续建设做出适宜调整，以满足多样化需求为基础，突出内部设施现代化更新改造的主要方向。内部设施现代化的重要一环就是全面的部品化实施，以部品集成打造高品质、高质量的内部空间和室内环境。同时，考虑到老年人对内部设施的使用特殊性，引进国外专业养老产品，自主研发适老整体卫生间等。

● 更新效果

项目运营管理方——北京首开寸草养老服务有限公司，是由北京市属大型国有企业北京首都开发股份有限公司与养老行业知名品牌"寸草春晖"养老机构运营方北京寸草关爱管理咨询有限公司，以及北京福睿科技有限公司三方合作组建的混合所有制企业。以安慧里项目为起点，首开寸草秉承"城市复兴"和"融合式养老"的理念，将首开集团存量房产资源与"寸草春晖"优质养老服务相结合，打造集机构养老、社区养老和居家养老于一体的连锁化、品牌化的专业护理型养老机构。以此项目为样本工程，在北京诸多既有住区中孵化首开寸草系列化改造更新类养老设施落地（图 9、图 10）。

项目更新落成的同时，开拓了我国城市复合介护型养老设施前沿领域，同期完成《建筑学报》高龄

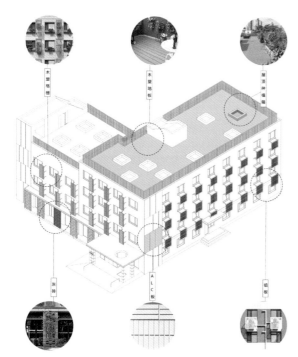

图 7　既有建筑改造集成技术

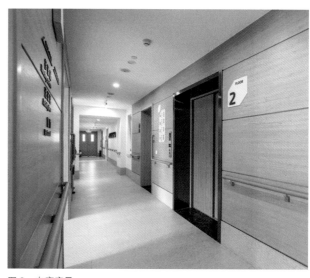

图 8　走廊实景

图 9　首开寸草学知园入口实景

图 10　首开寸草学知园立面实景

化时代养老建设策略与设计研究特辑、城市复合介护型养老设施设计标准、技术研发与部品集成等成果。项目获北京市优秀工程勘察设计奖城市更新单项奖一等奖、中国建筑学会住宅建筑专项二等奖、2018WA中国建筑佳作奖、中国建设科技集团建筑设计一等奖等奖项。

　　高龄者生活支援和医疗护理还存在诸多问题，而养老设施这一基本的空间形式，理应为解决这些问题提供基础的保障。我国养老设施建设从早期郊区化、集中式、大规模类型，逐步向城中心、分散式、小规模类型转变。这种转变适应我国养老模式与需求，也与当前我国城市更新行动之下有效改造利用闲置用房的社区更新的路径不谋而合。围绕住区再生计划的城市复合介护型养老设施在整体规划、建筑设计、内装集成方面形成了一套有效可行的更新改造模式。使得建筑的寿命周期得以延续，将满足现实的、局部的需求同未来的、整体的发展相契合，保证了建筑建设与城市、经济、社会发展的协调。因此，城市更新与城市复合介护型养老设施之间，前者给予了后者发展载体，后者赋予了前者类型、功能与产业发展上的创新和崭新的生命力。